高职高专技能实训教材

DIANGONG JINENG SHIXUN

电工技能实训

（第二版）

储克森　主编

周元一　武昌俊　朱文武　孙　晗　参编

姜孝定　主审

中国电力出版社
CHINA ELECTRIC POWER PRESS

内容提要

　　为适应高职教育的发展并加强学生动手能力的培养，本书将电工技能实训项目进行了优选和整合，主要内容有锡焊技能训练，万用表的装配与调试，室内照明线路的安装、运行及维修，三相异步电动机的维修，接地电阻的测量及电工简易检测装置的制作等。

　　每个实训项目分为基本知识和技能训练任务，内容与行业职业技能考证相结合，附录中编有维修电工技能鉴定基本内容及考核模拟试卷。本书突出专业领域的新知识、新技术、新工艺、新器件，图文并茂，通俗易懂，便于教学。实训器材易购、易做。

　　本书可供电类和近电类专业学生实训时用，也可作为电工技能培训教材和电气技术人员的参考书。

图书在版编目（CIP）数据

电工技能实训/储克森主编 . —2 版. —北京：中国电力出版社，2012.8（2025.8重印）
ISBN 978 - 7 - 5123 - 3083 - 2

Ⅰ.①电…　Ⅱ.①储…　Ⅲ.①电工技术 - 高等职业教育 - 教材　Ⅳ.①TM

中国版本图书馆 CIP 数据核字（2012）第 107900 号

中国电力出版社出版、发行
（北京市东城区北京站西街 19 号　100005　http：//www. cepp. sgcc. com. cn）
廊坊市文峰档案印务有限公司印刷
各地新华书店经售

*

2006 年 7 月第一版
2012 年 8 月第二版　　2025 年 8 月北京第十三次印刷
787 毫米×1092 毫米　16 开本　12.5 印张　302 千字
定价 **28.00** 元

前 言

为适应我国职业教育的蓬勃发展，以及职业教育必须强化学生实践能力和职业技能的培训，推进"双证制"实施的需要。我们在总结多年教学实践的基础上编写了这本《电工技能实训》，以满足电类及近电类各专业教学的需求。

本书作为电工技能实训指导，每项实训分为基本知识和技能训练任务两部分，全书在实训项目的选取和编制上充分考虑电工技能的要求和知识体系，具有很强的通用性、针对性和实用性，并结合了行业职业技能考证的要求。在编写时突出工艺要领与操作技能，注意新技术、新知识、新工艺和新标准的传授。

全书共有六个实训项目：锡焊技能训练，万用表的装配与调试，室内照明线路的安装、运行及维修，三相异步电动机的维修，接地电阻的测量，电工简易检测装置的制作等，其中项目五、六作为选做项目，各校可根据教学要求选用。实训过程中，应严格执行有关规程规定，注意培养学生的安全意识、职业和质量意识。

本书可作为电类、机电一体化、控制类及其他相近专业的电工实训教材，并可作为电工、维修电工职业技能鉴定培训教材，也可作为电气工程技术人员的参考书。

本书由安徽机电职业技术学院储克森、周元一、武昌俊、朱文武，安徽扬子职业技术学院孙晗共同编写，其中储克森编写项目三、五，周元一编写项目二与附录，武昌俊编写项目四，朱文武编写项目六，孙晗编写项目一。储克森负责全书的统稿工作；姜孝定承担主审工作，他认真审阅了书稿，提出了许多宝贵意见，在此深表谢意。

由于编者水平有限，书中难免存在错误和不妥之处，敬请读者指正。

编 者

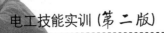
电工技能实训 (第二版)

||||| 目 录

锡 焊 技 能 训 练

基本知识

在电气和电子装配与维修过程中，少不了焊接工作。常用的焊接方式有电烙铁焊和手工电弧焊。本课题所讲的是电烙铁焊（简称锡焊）。虽说焊接技术本身并不复杂，但它的重要性却不可忽视。如果我们在装配和维修工作中不按工艺要求，不认真焊接，往往会造成元器件虚焊、假焊或使印制电路板铜箔起泡脱落等人为故障，甚至损坏元器件。因此，作为一个从事电气技术的工作人员，必须认真学习焊接的有关基础知识，掌握焊接的技术要领，并能熟练地进行焊接操作，这样才能保证焊接质量，提高工作效率。

第一节　电烙铁的构造、拆装与维修

一、电烙铁的种类及构造

常用的电烙铁有内热式和外热式两大类，随着焊接技术的发展，后来又研制出了恒温电烙铁和吸锡电烙铁。无论哪种电烙铁，它们的工作原理基本上是相似的，都是在接通电源后，电流使电阻丝发热，并通过传热筒加热烙铁头，达到焊接温度后即可进行工作。对电烙铁要求热量充足，温度稳定，耗电少，效率高，安全耐用，漏电流小，对元器件不应有磁场影响。

1. 内热式电烙铁

内热式电烙铁常见的规格有 20W、30W、35W 和 50W 等几种，其外形和组成如图 1-1 所示。

（1）烙铁头。烙铁头是由紫铜制作的，是电烙铁用于焊接的工作部分。根据不同装配物体的焊接需要，烙铁头可以制成各种不同的形状，可用锉刀改变烙铁头刃口的形状，以满足不同焊接物面的要求。

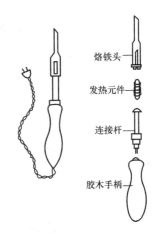

图 1-1　内热式电烙铁
外形和组成

（2）发热元件。发热元件也叫烙铁心，它是用电阻丝绕在细瓷管上的，其作用是通过电流并将电能转换成热能，使烙铁头受热温度升高。

（3）连接杆。连接杆为一端带有螺纹的铁质圆筒，内部固定烙铁心，外部固定烙铁头，既起支架作用，又起传热筒的作用。

（4）胶木手柄。胶木手柄由胶木压制成，使用时，手持胶木手柄，既不烫手，又安全。

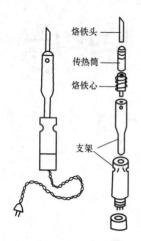

图 1 - 2　外热式电烙铁
外形和组成

内热式电烙铁的发热器装置于烙铁头空腔内部，故称为内热式电烙铁。由于发热器是在烙铁头内部，热量能完全传到烙铁头上。所以这种电烙铁的特点是热得快，加热效率高（可达85%～90%以上），加热到熔化焊锡的温度只需3min左右。而且具有体积小，重量轻，耗电少，使用灵巧等优点，最适用于晶体管等小型电子器件和印制电路板的焊接。

内热式电烙铁烙铁头温度高时容易"烧死"，而且怕摔，烙铁心易断，使用过程中应该特别小心。

2. 外热式电烙铁

外热式电烙铁通常按功率分为 25W、45W、75W、100W、150W、200W 和 300W 等多种规格。其外形和组成如图1-2所示，各部分的作用与内热式电烙铁基本相同。其传热筒为一个铁质圆筒，内部固定烙铁头，外部缠绕电阻丝，它的作用是将发热器的热量传递到烙铁头，支架（木柄和铁壳）为整个电烙铁的支架和壳体，起操作手柄的作用。

3. 恒温电烙铁

恒温电烙铁借助于电烙铁内部的磁控开关自动控制通电时间而达到恒温的目的。其外形和内部结构如图1-3所示。这种磁控开关是利用软金属被加热到一定温度而失去磁性作为切断电源的控制方式。

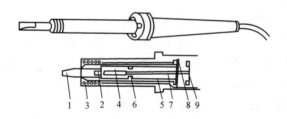

图 1 - 3　恒温电烙铁外形和内部结构
1—烙铁头；2—软磁金属块；3—加热器；4—永久磁铁；
5—非金属圆筒；6—支架；7—小轴；8—触点；9—接触簧片

在电烙铁头1附近装有软磁金属块2，加热器3在烙铁头外围，软磁金属块平时总是与磁控开关接触，非金属薄壁圆筒5的底部有一小块永久磁铁4，用小轴7将永久磁铁4、接触簧片9连接在一起构成磁控开关。

电烙铁通电时，软磁金属块2具有磁性，吸引永久磁铁4、小轴7带动接触簧片9与触点8闭合，使发热器通电升温，当烙铁头温度上升到一定值，软磁金属块失磁，永久磁铁4在支架6的吸引下脱离软磁金属块，小轴7带动接触簧片9离开触点8，发热器断电，电烙铁温度下降。在温度降到一定值时，软磁金属块2恢复磁性，永久磁铁4又被吸回，接触簧片9又与触点8闭合，发热器电路又被接通。如此断续通电，可以把电烙铁的温度始终控制在一定范围。

恒温电烙铁的优点是，比普通电烙铁省电一半，焊料不易氧化，烙铁头不易过热氧化，更重要的是能防止元器件因温度过高而损坏。

4. 吸锡电烙铁

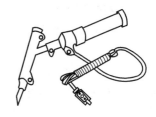

图 1-4　吸锡电烙铁

吸锡电烙铁的外形如图 1-4 所示，它主要用于电工和电子装修中拆换元器件。操作时先用吸锡电烙铁头部加热焊点，待焊锡熔化后，按动吸锡装置，即可把锡液从焊点上吸走，便于拆下零件。利用这种电烙铁，拆焊效率高，不会损伤元器件，特别是拆除焊点多的元器件，如集成块、波段开关等，尤为方便。

二、电烙铁的拆装与维修

1. 电烙铁的拆装

电烙铁在使用过程中，会出现这样或那样的故障。为了排除故障，往往需要将电烙铁拆卸分解，因此，掌握电烙铁的正确拆装方法和步骤十分必要。下面以内热式电烙铁为例说明它的拆装步骤。拆卸时，首先拧松手柄上顶紧导线的制动螺钉，旋下手柄，然后从接线桩上取下电源线和烙铁心引线，取出烙铁心，最后拔下烙铁头。安装顺序与拆卸刚好相反，只是在旋紧手柄时，勿使电源线随手柄扭动，以免将电源线接头部位绞坏，造成短路。

2. 电烙铁的维修

电烙铁的电路故障一般有短路和开路两种。如果是短路，一接电源就会烧断熔丝，短路点通常在手柄内的接头处和插头中的接线处。这时如果用万用表电阻挡检查电源插头两插脚之间的电阻，阻值将趋于零。如果接上电源几分钟后，电烙铁还不发热，一定是电路不通。如果电源供电正常，通常是电烙铁的发热器、电源线及有关接头部位有开路现象。这时旋开手柄，用万用表 $R \times 100\Omega$ 挡测烙铁心两接线桩间的电阻值，如果阻值在 $2k\Omega$ 左右，一定是电源线接线松动或接头脱焊，应更换电源线或重新连接。如果两接线桩间的电阻无穷大，当烙铁心引线与接线桩接触良好，一定是烙铁心电阻丝断路，应更换烙铁心。

要注意对电烙铁进行经常性维修，除了用万用表欧姆挡测量插头两端是不是有短路或断路的现象之外，还要用 $R \times 1k\Omega$ 或 $R \times 10k\Omega$ 挡测量插头和外壳之间的电阻。如果指针指示无穷大，或电阻大于 $2 \sim 3M\Omega$，就可以使用，若电阻值小，说明有漏电现象，应查明漏电原因，加以排除之后才能使用。

发现木柄松动要及时拧紧，否则容易使电源线破损，造成短路。发现烙铁头松动，要及时拧紧，否则烙铁头脱落可能造成事故。电烙铁使用一段时间后，要将烙铁头取下，去掉与连接杆接触部分的氧化层或锈污，再将烙铁头重新装上，避免以后取不下烙铁头。电烙铁头使用时间过久，当出现腐蚀、凹坑、失去原有形状时，会影响正常焊接，应用锉刀对其整形、加工成符合要求的形状，再镀上锡。

3. 使用电烙铁的注意事项

使用电烙铁一定要注意安全，避免发生触电事故。使用前，应检查两股电源线与保护接地线的接头不能接错，这种接线错误很容易使操作人员触电。电源线及电源插头要完好无损，对于塑料皮导线，应仔细检查烫伤处，如果有损伤或出现导线裸露现象，应用绝缘胶布包扎好，以防止触电和发生短路。

对于初次使用和长期放置未用的电烙铁，使用前最好将电烙铁内的潮气烘干，以防止电烙铁出现漏电现象。

新电烙铁的烙铁头刃口表面有一层氧化铜，使用前需要先给烙铁头镀上一层锡。镀锡的方法是：将电烙铁通电加热，用锉刀或砂纸将刃口表面氧化层打磨掉，在打磨干净的地方，涂上一层焊剂（例如松香），当松香冒烟、烙铁头开始熔化焊锡时，把烙铁头放在有少量松香和焊锡的砂纸上研磨，各个面都要研磨到，使烙铁头的刃口镀上一层锡。镀上焊锡，不但能够保护烙铁头不被氧化，而且使烙铁头传热快，在使用过程中，还要经常沾一些松香，以便及时清除烙铁头上的氧化锡，使镀上的焊锡能长期保留在烙铁头上。

使用过程中不宜使烙铁头长时间空热，以免烙铁头被"烧死"和电热丝加速氧化而烧断。焊接时使用的焊剂一般应使用松香或中性焊剂，不宜选用酸性焊剂，以免腐蚀电子元器件及烙铁头与发热器。烙铁头要保持清洁，使用中可常在石棉毡上擦几下，以除氧化层和污物。当松香等积垢过多时，应趁热用破布等用力将其擦去，并重新镀锡。若烙铁头出现不能上锡的现象（即"烧死"），要用刮刀刮去焊锡，再用锉刀清除表面黑灰色的氧化层，将烙铁头刃口磨亮，涂上焊剂，镀上焊锡。

电烙铁工作时，最好放在特制的烙铁架上，既使用方便，又避免烫坏其他物品。烙铁架可以自制，在拿放电烙铁时，应当轻拿轻放，不能任意敲击，以免损坏内部加热器件。

三、电烙铁的选用

电烙铁的选用应从下列四个方面来考虑。

1. 烙铁头的形状要适应被焊物面的要求和焊点及元器件的密度

烙铁头有直轴式和弯轴式两种。功率大的电烙铁，烙铁头的体积也大。常用外热式电烙铁的头部大多制成錾子式样，而且根据被焊物面的要求，錾式烙铁头头部角度有 $10° \sim 25°$、$45°$ 等，錾口的宽度也各不相同，如图 1-5（a）、（b）所示。对焊接密度较大的产品，可用图 1-5（c）、（d）所示烙铁头。内热式电烙铁常用圆斜面烙铁头，适合于焊接印制线路板和一般焊点，如图 1-5（e）所示。在印制线路板的焊接中，采用图 1-5（f）所示的凹口烙铁头更为方便。

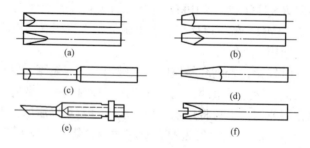

图 1-5　各种烙铁头外形
（a）宽錾式；（b）窄錾式；（c）加长錾式；（d）锥式；（e）圆斜面式；（f）凹口式

2. 烙铁头顶端温度应能适应焊锡的熔点

通常这个温度应比焊锡熔点高 $30 \sim 80℃$，而且不应包括烙铁头接触焊点时下降的温度。

3. 电烙铁的热容量应能满足被焊件的要求

热容量太小，温度下降快，使焊锡熔化不充分，焊点强度低，表面发暗而无光泽，焊锡颗粒粗糙，甚至成虚焊。热容量过大，会导致元器件和焊锡温度过高，不仅会损坏元器件和导线绝缘层，还可能使印制线路板铜箔起泡，焊锡流动性太大而难于控制。

4. 烙铁头的温度恢复时间能满足被焊件的热量要求

所谓温度恢复时间，是指烙铁头接触焊点温度降低后，重新恢复到原有最高温度所需要的时间。要使这个恢复时间恰当，必须选择功率、热容量、烙铁头形状、长短等适合的电烙铁。

由于被焊件的热量要求不同，对电烙铁功率的选择应注意以下几个方面。

（1）焊接较精密的元器件和小型元器件，宜选用20W内热式电烙铁或25～45W外热式电烙铁。

（2）对连续焊接、热敏元件焊接，应选用功率偏大的电烙铁。

（3）对大型焊点及金属底板的接地焊片，宜选用100W及以上的外热式电烙铁。

第二节　焊接技术与焊料的选用

一、焊接原理

利用加热或其他方法，使焊料与被焊金属（也称母材）原子之间互相吸引（互相扩散），依靠原子间的内聚力使两种金属永久地牢固结合，这种方法称为焊接。焊接一般分为熔焊、钎焊及接触焊三大类。在电子设备装修中，主要采用的是钎焊。所谓钎焊，就是加热把作为焊料的金属熔化成液态，再把另外的被焊固态金属连接在一起，并在焊点发生化学变化的方法。在钎焊中起连接作用的金属材料称为钎料，即焊料。作为焊料的金属的熔点必须低于被焊金属材料的熔点，按照使用焊料的熔点的不同，钎焊分为硬焊和软焊。

采用锡铅焊料进行焊接称为锡铅焊，它是软焊的一种。锡铅焊点的形成，是将加热熔化为液态的锡铅焊料，借助于焊剂的作用，熔于被焊接金属材料的缝隙。如果熔化的焊锡和被焊接金属的结合面上，不存在其他任何杂质，那么焊锡中的锡和铅的任何一种原子便会进入被焊接金属材料的晶格，在焊接面间形成金属合金，并使其连接在一起，得到牢固可靠的焊接点。

被焊接的金属材料与焊锡之所以能生成合金，必须具备一定的条件，归纳成以下几点。

（1）被焊接的金属材料应具有良好的可焊性，所谓可焊性是指被焊接的金属材料与焊锡在适当的温度和助焊剂的作用下，焊锡原子容易与被焊接的金属原子相结合，以便生成良好的焊点。

（2）被焊金属材料表面和焊锡应保持清洁接触，应清除被焊金属表面的氧化膜，因为氧化膜会阻碍焊锡金属原子与被焊金属间的结合，在焊接处难以生成真正的合金，容易形成虚焊与假焊。

（3）应选用助焊性能最佳的助焊剂，助焊剂的性能一定要适合被焊金属材料的性能，使它在熔化时能熔解被焊金属表面的氧化膜和污垢，并增强熔化后焊锡的流动性，保证焊点获得良好的焊接。

（4）焊锡的成分及性能应在被焊金属材料表面产生浸润现象，使焊锡与被焊金属原子之间因内聚力的作用而融为一体。

（5）焊接时要具有足够的温度使焊锡熔化，在向被焊金属缝隙渗透和向表层扩散，同时使被焊接金属材料的温度上升到焊接温度，以便与熔化焊锡生成金属合金。

（6）焊接的时间要掌握适当，时间过长，易损坏焊接部位和元器件；时间过短，则达不到焊接要求，不能保证焊接质量。

此外，对于锡焊本身，包括被焊接金属材料与焊锡之间应有足够的温度，在助焊剂作用下的化学和物理过程，就能在焊接处生成合金，形成焊接点。锡焊接头应具有良好的导电性、一定的机械强度，以及对焊锡加热后可方便地拆焊等优点。但是要得到良好的导电性能，足够的机械强度，清洁美观的高质量焊点，除保证上述几个条件，在实际焊接中，还要掌握好焊接工具的正确使用和一系列工艺要求，才能达到目的。

二、焊料的选用

电烙铁钎焊的焊料是锡铅焊料，由于其中的锡铅及其他金属所占比例不同而分为多种牌号，常用锡铅焊料的特性及主要用途见表 1 - 1。

表 1 - 1 所列锡铅焊料的性能和用途是不同的，在焊接中应根据被焊件的不同要求去选用，选用时应考虑如下因素：焊料必须适应被焊接金属的性能，即所选焊料应能与被焊金属在一定温度和助焊剂的作用下生成合金。也就是说，焊料和被焊金属材料之间应有很强的亲和性。

表 1 - 1   **常用锡铅焊料的特性及主要用途**

名称牌号	主要成分[①]（％）			熔点 /℃	杂质	电阻率 /（×10^{-3}Ω·m）	抗拉强度	主要用途
	锡	锑	铅					
10 锡铅焊料 HISnPb10	89～91	<20.15	余量	220	铜、铋砷		4.3	钎焊食品器皿及医药卫生物品
39 锡铅焊料 HISnPb39	59～61	<20.8	余量	183	铁硫锌铅	0.145	4.7	钎焊电子元器件等
58 - 2 锡铅焊料 HISnPb58 - 2	39～41	1.5～2	余量	235		0.170	3.8	钎焊电子元器件、导线、钢皮镀锌件等
68 - 2 锡铅焊料 HISnPb68 - 2	29～31	1.5～2.2	余量	256		0.182	3.3	钎焊电金属护套
90 - 6 锡铅焊料 HISnPb90 - 6	3～4	5～6	余量	256			5.9	钎焊黄铜和铜

① 主要成分是指材料的质量分数。

焊料的熔点必须与被焊金属的热性能相适应，焊料熔点过高或过低都不能保证焊接的质量。焊料熔点太高，使被焊元器件、印制电路板焊盘或接点无法承受；焊料熔点过低，助焊剂不能充分活化起助焊作用，被焊件的温升也达不到要求。

由焊料形成的焊点应能保证良好的导电性能和机械强度。

在具体施焊过程中，遵照上述原则，对焊料可做如下选择：

（1）焊接电子元器件、导线、镀锌钢皮等，可选用 58 - 2 锡铅焊料；

（2）手工焊接一般焊点、印制电路板上的焊盘及耐热性能差的元件和易熔金属制品，应选用39锡铅焊料；

（3）浸焊与波峰焊接印制电路板，一般用锡铅比为61/39的共晶焊锡。

三、焊剂的选用

金属在空气中，特别是在加热的情况下，表面会生成一层薄氧化膜，阻碍焊锡的浸润，影响焊接点合金的形成。采用焊剂（又称助焊剂）能改善焊接的性能，因为焊剂有破坏金属氧化层使氧化物漂浮在焊锡表面的作用，有利于焊锡的浸润和焊缝合金的生成；它又能覆盖在焊料表面，防止焊料或金属继续氧化；它还能增强焊料和被焊金属表面的活性，进一步增加浸润能力。

但若对焊剂选择不当，会直接影响焊接的质量。选用焊剂时，除了考虑被焊金属的性能及氧化、污染情况外，还应从焊剂对焊接物面的影响，如焊剂的腐蚀性、导电性及对元器件损坏的可能性等方面全面考虑。例如：

对于铂、金、锡及表面镀锡的其他金属，其可焊性较强，宜用松香酒精溶液作为焊剂。

由于铅、黄铜、铍青铜及镀镍层的金属焊接性能较差，应选用中性焊剂。

对于板金属，可选用无机系列焊剂，如氧化锌和氧化铵的混合物。这类焊剂有很强的活性，对金属的腐蚀性很强，其挥发的气体对电路元器件和电烙铁有破坏作用，施焊后必须清洗干净。在电子线路的焊接中，除特殊情况外，不能使用这类焊剂。

对于焊接半密封器件，必须选用焊后残留物无腐蚀性的焊剂，以防止腐蚀性焊剂渗入被焊件内部而产生不良影响。

几种常用焊剂配方见表1-2。

表 1-2	几 种 焊 剂 配 方
名　　称	配　　　　　方
松香酒精焊剂	松香15~20g，无水酒精70g，溴化水杨酸10~15g
中性焊剂	凡士林（医用）100g，三乙醇胺10g，无水酒精40g，水杨酸10g
无机焊剂	氧化锌40g，氯化铵5g，盐酸5g，水50g

第三节　手工焊接的操作

一、焊接前的准备工作

做好被焊金属材料焊接处表面的焊前清洁和搪锡工作。例如，在对元器件引线表面处理时，一般是用砂纸擦去引线上的氧化层，也可以用小刀轻轻刮去引线上的氧化层、油污或绝缘漆，直到露出紫铜表面，使其上面不留一点脏物为止。清理完的元器件引线上应立即涂上少量的焊剂，然后用热的电烙铁在引线上镀上一层很薄的锡层（也可以在锡锅内进行），避免其表面重新氧化，提高元器件的可焊性，元件搪锡是防止虚焊、假焊等隐患的重要工艺步骤，切不可马虎。

对于有些镀金、镀银的合金引出线，不能把镀层刮掉，可用粗橡皮擦去表面的脏物。对

于扁平集成电路的引线，焊前一般不做清洁
处理，但要求元器件在使用前妥善保存，不
要弄脏引线。

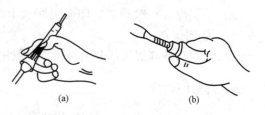

图1-6　电烙铁的握法
（a）握笔式；（b）拳握式

二、焊接时的姿势和烙铁的握法

电烙铁的握法一般有两种，第一种是常
见的"握笔式"，如图1-6（a）所示。这
种握法使用的电烙铁头一般是直型的，适合
小型电子设备和印制电路板的焊接。第二种握法是"拳握式"，如图1-6（b）所示。这种
握法使用的电烙铁功率大，烙铁头一般为弯形。它适合于大型电子设备的焊接和电气的安装
维修等。

因为焊接物通常是直立在工作台上的，所以一般应坐着焊接。焊接时要把桌椅的高度调
整适当，挺胸端坐，操作者的鼻尖与烙铁头的距离应为20cm以上。

三、手工焊接的操作

1. 两种焊接对象的装置方法

（1）一般结构。对于一般结构，焊接前焊点的连接方式有网绕、钩接、插接和搭接四
种形式，如图1-7所示。采用这四种连接方式的焊接依次称为网焊、钩焊、插焊和搭焊。

图1-7　一般结构焊接前的连接方式

（2）印制电路板。在印制电路板上装置的元件一般有阻容元件、晶体二极管、晶体三
极管、集成电路等。图1-8为阻容元件装置。图1-9为小功率晶体管装置。图1-10为集
成电路装置。

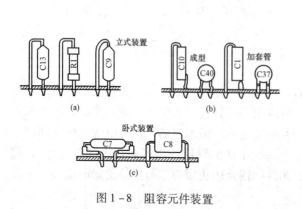

图1-8　阻容元件装置

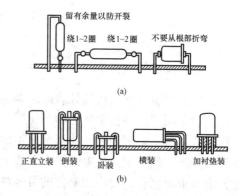

图1-9　小功率晶体管装置

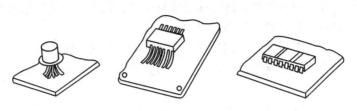

图 1 - 10 集成电路装置

2. 手工焊接的操作

（1）带锡焊接法。带锡焊接法是初学者最常使用的方法，在焊接前，将准备好的元器件插入印制电路板规定的位置，经检查无误后，在引线和印制电路板铜箔的连接处再涂上少量的焊剂，待电烙铁加热后，用烙铁头的刃口沾带上适量的焊锡，沾带的焊锡的多少，要根据焊点的大小而定。焊接时要注意烙铁头的刃口与焊接印制电路板的角度，如图 1 - 11 所示。

如果烙铁头的刃口与印制电路板的角度 θ 小，则焊点大；如果 θ 角度大，则焊点小。焊接时要将烙铁头的刃口确实接触印制电路板上的铜箔焊点与元件引线。

（2）点锡焊接法。把准备好的元器件插入印制电路板的焊接位置。调整好元器件的高度，逐个点涂上焊剂，右手握着电烙铁（采用握笔式），将烙铁头的刃口放在元器件的引线焊接位置，固定好烙铁头刃口与印制电路板的角度。左手捏着焊锡丝，用它的一端去接触焊点位置上的烙铁刃口与元器件引线的接触点，根据焊点的大小来控制焊锡的多少。这种点锡焊接方法必须是左、右手配合，如图 1 - 12 所示，才能保证焊接的质量。

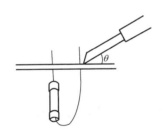

图 1 - 11　烙铁头刃口与印制电路板的角度

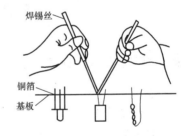

图 1 - 12　点锡焊接方法

3. 烙铁温度和焊接时间要适当

不同的焊接对象，需要烙铁头的工作温度是不同的。焊接温度实际上要比焊料熔点高，但也不是越高越好。烙铁头温度过高，焊锡则易滴淌，使焊接点上存不住锡，还会使被焊金属表面与焊料加速氧化，焊剂焦化，焊点不足以形成合金，润湿不良。烙铁头温度过低，焊锡流动性差，易凝固，会出现焊锡拉接现象，焊点内存在杂质残留物，甚至会出现假焊、虚焊现象，严重影响焊接质量。通常情况下，焊接导线接头时的工作温度以 360 ~ 480℃ 为宜。焊接印制电路板导线上的元件时，一般以 430 ~ 450℃ 为宜。因为过量的热量会降低铜箔的粘接力，甚至会使铜箔脱落。焊接细线条印制电路板或极细导线时，烙铁头工作温度应在 290 ~ 370℃ 为宜；而在焊接热敏元器件时，其温度至少需要 480℃，这样才能保证烙铁头接触器件的时间尽可能短。

焊接时判断烙铁头的温度是否合适，可采用一种简单可行的方法，这就是当烙铁头碰到松香时，应有刺的声音，说明温度合适；如果没有声音，仅能使松香勉强熔化，说明温度过低；如果烙铁头一碰到松香，冒烟过多，说明温度太高。

不同功率的电烙铁，工作温度差别较大，通常情况下，电源电压在220V左右时，20W电烙铁的工作温度约为290~400℃；40W电烙铁的工作温度为400~510℃。焊接时一定要选择好合适的电烙铁。

焊接时，在2~5s内使焊点达到要求的温度，而且在焊好时，热量不至于大量散失，这样才能保证焊点的质量和元器件的安全。初学者往往担心自己焊接得不牢固，焊接时间过长，这样做会使焊接的元器件因过热而损坏。但也有的初学者怕把元件烫坏，在焊接时烙铁头就像蜻蜓点水一样，轻轻点几下就离开焊接位置。虽然焊点上也留有焊锡，但这样的焊接是不牢固的，容易造成假焊或虚焊。

4. 掌握好焊点形成的火候

焊接是靠热量而不是靠用力使焊锡熔化的，所以焊接时不要将烙铁头在焊点上来回用力磨动，应将烙铁头的搪锡面紧贴焊点，焊锡全部熔化并因表面张力紧缩而使表面光滑后，轻轻转动烙铁头带去多余焊锡，从斜上方45°的方向迅速脱开，留下一个光亮、圆滑的焊点。烙铁头脱开后，焊锡不会立即凝固，要注意不能移动焊件，焊件应夹牢，要扶稳不晃。如果焊锡在凝固过程中，焊件晃动了，焊锡会凝成粒状，或附着不牢固，形成虚焊。也不能向焊锡吹气散热，应使其慢慢冷却凝固。烙铁头脱开后，如果使焊点带上锡峰，这是焊接时间过长，焊剂气化引起的，这时应重新焊接。

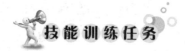

技 能 训 练 任 务

电烙铁的拆装与锡焊技术训练

训练目的

（1）通过拆装电烙铁，了解电烙铁的结构，学会排除电烙铁的常见故障。

（2）了解焊料、焊剂的选用。

（3）通过对电磁线的焊接及电阻、电容、二极管元件在印制电路板上的焊接，使同学能较熟练地掌握手工焊接操作技术。

工具、设备和器件

内热式电烙铁30W（或外热式电烙铁45W）、镊子、小刮刀、焊锡、松香或中性焊剂、被焊材料（电阻、电容、二极管）等。

训练步骤与要求

（1）电烙铁拆装训练，拆卸一支内热式（或外热式）电烙铁，拆卸时将各元件按图1-1所示位置放好，研究完基本结构后，组装还原。用万用表欧姆挡测量插头两端间的电阻值，再用$R \times 1k\Omega$挡测量插头和外壳之间的电阻值，判断电烙铁有无故障。

（2）焊接准备工作，按课文第三节内容要求做好焊接前的各项准备工作。

（3）用电磁线9根（长度约为10cm）焊接成三棱柱体。

（4）在印制电路板上焊接电阻、电容、二极管元件（分别装置成立式和卧式）。

万用表的装配与调试

基本知识

万用表是万用电表的简称，顾名思义它是一种有很多用途的电气测量仪表。万用表以测量电流、电压和电阻三大参量为主，所以也称为三用表、繁用表或复用表等。

普通万用表可以用来测量直流电流、直流电压、交流电压、电阻和音频电平等电量，较高级的万用表还可以测量交流电流、电感量、电容量、功率及晶体管的共发射极直流电流放大倍数 h_{FE} 等电气参数。如 MF47 型万用表，可以测量直流电流、直流电压、交流电压、直流电阻，另外，还有音频电平、电容量、电感量和晶体管直流电流放大倍数的附加测量功能。

由于万用表具有用途广泛、操作简单、携带方便、价格低廉等诸多优点，所以它是从事电气和电子设备的安装、调试和维修的工作人员所必备的电工仪表之一。

万用表有模拟式（指针式）和数字式之分，本课题介绍常用的模拟式万用表，下面简称万用表。

第一节　万用表的基本结构及技术指标

万用表是由表头、转换开关、测量电路三个基本部分以及表盘、表壳和表笔等组成。各种型号万用表的外形不尽相同，图 2 - 1 为 MF47 型万用表面板图。

在万用表的面板上有带有标度尺和各种符号的表盘，转换开关的旋钮，机械调零螺栓，电气调零旋钮，测量晶体管的插座以及供连接表笔的插孔或接线柱等。

一、万用表的表盘

在万用表的表盘上，通常印有标度尺、数字和各种符号，如图 2 - 2 所示。

1. 弧形标度尺

在万用表上都有一条 Ω 标度尺，它位于刻度盘的最上方；一条直流用的 50 格等分的标度尺；一条 50V 以上交流用的标度尺；一条 10V 交流专用标度尺及一条 dB 标度尺。有的万用表上还有 A、μF、mH 及 h_{FE} 等标度尺。

2. 常用符号及其意义

为了方便使用，万用表的使用条件和技术特性往往用一些特定符号标注在万用表的表盘上，使用时可根据表盘上的标记符号，了解万用表的特性，以确定是否符合测量需要。万用表表盘上的常用符号及其意义见表 2 - 1。

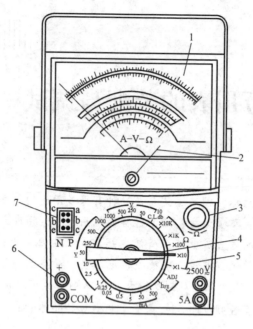

图 2 - 1　MF47 型万用表面板图

1—表盘；2—机械调零螺栓；3—电气调零旋钮；4—转换开关旋钮；

5—测量种类和量程；6—表笔插孔；7—晶体管插座

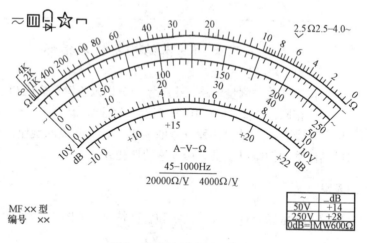

图 2 - 2　万用表的表盘示例

表 2 - 1　　　　　　　　　　万用表表盘上的符号及其意义

符　　号	类　　别	意　　义
A – V – Ω	用途	万用表（三用表）
~		交直流两用
—或 DC		直流
~或 AC		交流（单相）

符 号	类 别	意 义
 ⌂ (磁电系表头符号) ⌂ (整流系表头符号)	表头结构	磁电系表头 整流系表头（带半导体整流器的磁电系表头）
 ⌂ 带框 Ⅱ Ⅲ Ⅳ	防外磁场等级	Ⅰ级（磁电系） 防外磁场等级为 Ⅱ级 Ⅲ级 Ⅳ级
□ 或 →	使用方法	水平放置
 ☆☆ 或 ⚡2kV ☆ ☆0	绝缘强度等级	绝缘强度试验电压为2kV 绝缘强度试验电压为500V 不进行绝缘强度试验
2.5—或 ②.⑤ 4.0～或 ④.⓪ 2.5 ∨	测量准确度等级	直流电压、电流测量误差小于2.5% 交流电压测量误差小于4.0% 以标度尺长度百分数表示的准确度等级（例如2.5级）
45～1500Hz	适用频率	工作频率范围为45～1500Hz
20kΩ/<u>V</u> 5kΩ/<u>V</u>	电压灵敏度	直流电压挡内阻为20kΩ/V 交流电压挡内阻为5kΩ/V
0dB=1mW600Ω 	～	dB
---	---
50V	+14
100V	+20
250V	+28		音频电平测量	参考零电平为600Ω负载上得到1mW功率 用交流50V挡测量，表上读数加14dB 用交流100V挡测量，表上读数加20dB 用交流250V挡测量，表上读数加28dB

二、表头

表头是万用表的主要部件，其作用是用来指示被测量的数值，通常都是用高灵敏度的磁电系测量机构作为万用表的表头。一般万用表的表头及其内部结构如图2-3所示，磁场是由马蹄形磁钢11产生的，极掌3和圆柱形软铁4用来在空气隙内形成辐射的均匀磁场，动圈7通过胶在端面上的轴尖支承在宝石轴承上，可以在空气隙内自由转动，上轴尖的下面固定着指针9。当直流电流按规定方向通过线圈时，与空气隙内的磁场相互作用而产生转动力矩，使动圈顺时针方向转动起来。当转动力矩和上下两盘游丝8、6所产生的反作用力矩平

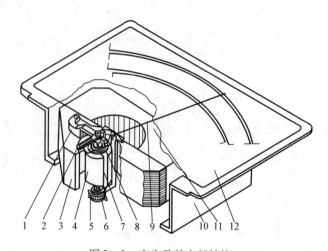

图 2 - 3　表头及其内部结构

1—蝴蝶形支架；2—上调零杆；3—极掌；4—圆柱形软铁；5—下调零杆
6—下游丝；7—动圈；8—上游丝；9—刀形指针；10—表托；11—磁钢；12—表盘

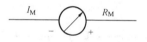

图 2 - 4　表头电气符号

衡时，指针便停下来，从标度尺上便可得出读数。万用表表头的电气符号如图2 - 4所示，其中 R_M 为表头内阻即表头动圈电阻，I_M 为表头灵敏度即使表针满刻度偏转的表头中的电流。I_M 越小，说明表头灵敏度越高，一般 MF 系列万用表表头的灵敏度为 $10 \sim 100\mu A$。表头的等效电路相当于一只阻值为 R_M 的电阻，该电阻所允许通过的最大直流电流为 I_M。

1. 动圈（指针）转动的原理

磁电系仪表的作用原理为永久磁钢、圆弧形极掌和圆柱形软铁在空气隙中形成的均匀辐射磁场，与通过绕组的电流所形成的磁场相互作用，从而产生转动力矩使动圈转动，如图 2 - 5 所示。动圈受力的方向可用左手定则来判断。

动圈绕组在磁场中的一边受力的大小 F 与空气隙中磁感应强度 B_0、通过导体的电流 I、线圈的匝数 N 和有效边长 l 成正比，即

$$F = B_0 INl$$

作用于动圈的转动力矩

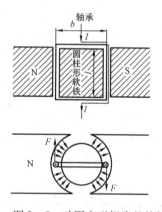

图 2 - 5　动圈在磁场内的偏转

$$T = 2F \frac{b}{2} = Fb = B_0 INlb = B_0 INS$$

式中　B_0——空气隙中的平均磁感应强度；

　　　I——通过动圈绕组的电流；

　　　N——动圈绕组匝数；

　　　l——动圈绕组在空气隙中的有效长度；

　　　b——动圈绕组的平均宽度；

　　S——动圈的有效面积。

如果 B_0 的单位为 Wb/m^2，S 的单位为 m^2，I 的单位为 A，则 T 的单位为 N·m。

2. 框架的阻尼作用

动圈的框架大多用铝制成。当电流 I 从线圈流过而使动圈偏转时，铝框（相当于一匝短路线圈）在空气隙中切割磁感应线形成感应电流 I'，产生力矩 T'。此力矩刚好与转动力矩方向相反，如图 2-6 所示，从而减低了动圈的转动速度和减少了停止前的摆动次数，以便迅速得到读数，这种作用叫做阻尼。

同理，在动圈上单独绕以若干匝短路线圈也可起阻尼作用。短路线圈匝数越多，阻尼作用越大。

在磁电系仪表中，如果有分流电阻，则动圈绕组两端通过分流电阻而构成闭合回路，相当于增大了电阻的短路线圈，也可起到阻尼作用。分流电阻的阻值越小，阻尼越大；动圈绕组匝数越多，阻尼也越大。此外，磁钢磁性越强，阻尼也越大。所以匝数相当多的具有分流电阻的强磁场电表，往往不需要铝框或短路匝就可得到需要的阻尼。

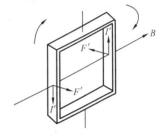

图 2-6　框架的阻尼力矩

阻尼过大或过小都不好。过小则指针摇摆，读取数值时间延长；过大则指针移动滞缓，读取数值时间也会延长，且会增大摩擦误差。最好是使指针停止前只做一次摆动，即稍有退回，这可从调节分流电阻的阻值来达到。

3. 表头的零位

表头中没有电流通过时，指针所指的位置叫做标度尺的零位。表头的零位在标度尺的左边，表头只允许通过单方向的电流。因为电流方向改变了，电磁转矩的方向也要改变，指针就要反向偏转，易把指针打弯。为了表明仪表所允许的通过电流方向，在万用表面板上表笔的插孔或接线柱上，一般都标有"＋"、"－"符号。表示电流应从"＋"插孔流入表头，从"－"插孔流出，测量时，必须注意接法要符合这一规定。

在表头中没有电流通过时，若指针所指的位置不在零位，可由图 2-3 中所示的上调零杆或下调零杆来调节指针到零位。上调零杆由面板上的机械调零螺栓来调节，下调零杆通常在表头出厂前已调好。

4. 表头质量的初步检查

（1）水平方向转动表头，指针应无卡轧现象。停止转动后，应回到原来的位置。若原来在零位上，应基本上仍回零位，偏离不超过半格（标度尺全长设为 50 格，下同）。

（2）水平位置使指针尖上下摆动，摆动幅度太大，表示轴承螺栓太松，一点儿不摆动，表示轴承螺栓太紧。稍微有些摆动表示松紧适度。

（3）将表头竖立、斜立、倒立，看指针是否偏离原来的位置。若偏离一格以上，则平衡性能较差，必须加以调整。

（4）通电测试其大概灵敏度，表头的灵敏度是指表头指针从标度尺零点偏转到满刻度时所通过的电流，电流越小，灵敏度越高。业余制作者在购买旧表头时，有必要知道它的大概灵敏度。用一节干电池串联一只 30kΩ 普通电阻去测试，如图 2-7 所示，此时线路上的电流按欧姆定律算得约为 50μA $\left[I = \dfrac{E}{R} = \dfrac{1.5}{30 \times 10^3 + R_M} \times 10^6 \approx 50 \ (\mu A) \right]$。若表头偏转 B 格，

即表头每偏转一格需要通过电流$\frac{50}{B}$μA。表头满刻度为50格，表头指针从标度尺零点偏转到

满刻度所需通过的电流为$\frac{50}{B}\times50$μA，则得表头大概的灵敏度。若遇到很高灵敏度的表头时，

则串联的电阻值应加大。

　　同时，还要仔细观察一下表头内部是否有串并联电阻、磁分路器（见图2-8）是否完全闭合。如果有串并联电阻或磁分路器已闭合（当磁分路器闭合时，一部分磁感应线从磁分路器通过，使空气隙中磁感应线减少，磁场强度降低，因而表头灵敏度也跟着降低，灵敏度降低可达15%左右），只要去掉串并联电阻或把磁分路器移开些，就可以增加灵敏度。

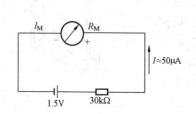

图2-7　表头大概灵敏度的测定

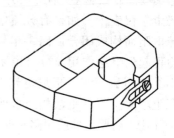

图2-8　磁分路器

三、转换开关

　　万用表中测量种类及量程的选择是通过转换开关实现的。转换开关里有许多静触点和动触点，用来闭合与断开测量电路。

　　动触点通常称为"刀"，静触点通常称为"掷"。当转动转换开关的旋钮时，它上面的"刀"跟随转动，并在不同的挡位上和相应的"掷"（静触点）接触闭合，从而接通相对应的电路，并断开其他无关的电路。万用表通常采用多刀多掷转换开关，以适应切换多种测量电路的需要。

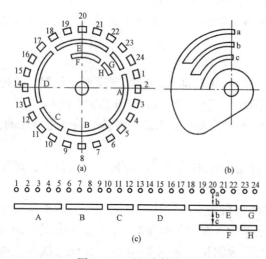

图2-9　万用表转换开关

（a）静触点；（b）动触点；（c）平面展开图

　　图2-9是单层三刀二十四掷转换开关的触点示意图，它的二十四个固定触点沿圆周分布。在圆周内还有八个圆弧形的固定滑动触点A、B、C、D、E、F、G、H，如图2-9（a）所示。装在转轴上的动触点有a、b、c三个，彼此是连通的，如图2-9（b）所示。当旋转开关旋钮时，动触点b及c在不同挡位的固定滑动触点上滑动，而动触点a和相应的固定触点接触，使这些固定滑动触点和相应的固定触点上的线路连接，从而构成完整的测量电路。图2-9（c）所示的是这种转换开关的等效平面展开图，其中a、b和c表示动触点。

四、测量电路

测量电路的作用是把各种被测量转换到适合表头测量的微小直流电流,它是用来实现多种电量、多个量程测量的重要手段。

测量电路实际上是由多量程直流电流表、多量程直流电压表、多量程交流电压表和多量程欧姆表等几种电路组合而成的。构成测量电路的主要元件绝大部分是各种类型和各种数值的电阻元件,如线绕电阻、碳膜电阻、电位器等。测量时,通过转换开关将这些元件组成不同的测量电路,就可以把各种不同的被测量变换成磁电系表头能够反映的微小直流电流,从而达到一表多用的目的。此外,在测量交流电的电路中,还有整流二极管和滤波电容。

万用表的型号种类虽然繁多,相应的测量电路也多种多样。但是各种各样的测量电路都是大同小异,工作原理基本相同。

图 2 - 10 所示是 MF47 型万用表的电原理图。

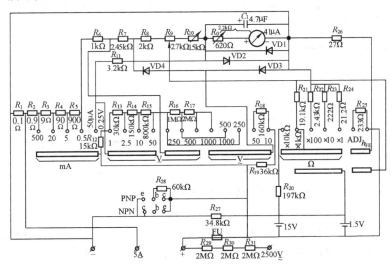

图 2 - 10 MF47 型万用表的电原理图

五、万用表的准确度

仪表的准确度是指仪表测量结果的准确程度,它反映了仪表的基本误差。仪表的准确度等级是用基本误差百分数的数值来表示的(如某仪表的基本误差为 2.5%,该仪表的准确度等级就为 2.5 级)。数值越小,等级越高,见表 2 - 2。

表 2 - 2　　　　　　　　　　　　　　仪 表 的 准 确 度 等 级

准确度等级	0.1	0.2	0.5	1.0	1.5	2.5	5.0
基本误差(%)	±0.1	±0.2	±0.5	±1.0	±1.5	±2.5	±5.0

万用表的准确度等级一般在 1.0~5.0 之间,不同型号的万用表的准确度有所不同,国产万用表中以 MF18 型的准确度最高,它测量直流电流、直流电压和电阻的准确度等级都是 1.0级;测量交流电流和电压的准确度等级是 1.5 级,而 MF47 型万用表测量直流电流、直流电压

和电阻的准确度等级是 2.5 级，其中测量直流 2500V 电压挡准确度等级为 5.0 级。

六、万用表的主要技术指标

万用表的主要技术指标有测量种类、量程、电压灵敏度、准确度等。电压灵敏度是以直流或交流电压挡每伏刻度对应的内阻来表示的。MF47 型万用表的技术指标见表 2－3 所示。

表 2－3　　　　　　　　　　MF47 型万用表的技术指标

测量种类	量程范围	电压灵敏度及最大电压降	准确度等级
直流电流	$0 \sim 0.05mA \sim 0.5mA \sim 5mA \sim 50mA \sim 500mA \sim 5A$	0.5V	2.5
直流电压	$0 \sim 0.25V \sim 1V \sim 2.5V \sim 10V \sim 50V$	$20k\Omega/V$	2.5
	$0 \sim 250V \sim 500V \sim 1000V \sim 2500V$	$4k\Omega$	5
交流电压	$0 \sim 10V \sim 50V \sim 250V \sim 500V \sim 1000V \sim 2500V$		
直流电阻	$R \times 1\Omega$　$R \times 10\Omega$　$R \times 100\Omega$　$R \times 1k\Omega$　$R \times 10k\Omega$	$R \times 1$ 中心刻度为 21Ω	2.5
音频电平	$-10dB \sim +22dB$	$0dB = 1mW600\Omega$	
晶体管直流电流放大倍数	$0 \sim 300$		
电感	$20 \sim 1000H$		
电容	$0.001 \sim 0.3\mu F$		

第二节　测量电路的工作原理及计算

各种万用表，由于对技术特性、使用范围和准确度的要求不同，它们的测量电路也各不相同。但各种万用表测量电路的基本工作原理却是相同的。下面分别对几种常用的测量电路的基本工作原理进行分析。

一、测量直流电流电路的原理及计算

万用表中用来测量直流电流的电路，实际上就是一个多量程的直流电流表电路。由于万

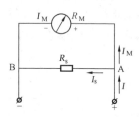

图 2－11　用分流电阻扩大电流量程

用表表头的灵敏度较高，即指针满刻度偏转的电流 I_M 较小，故表头只是一个量程较小的电流表，它只能测量小于灵敏度 I_M 的电流。为了能够测量大于 I_M 的电流，就需扩大它的量程。扩大电流量程的方法是在表头上并联分流电阻 R_s，其电路如图 2－11 所示。改变分流电阻的阻值，便可达到改变电流量程的目的。分流电阻的阻值越小，它相应的量程越大。在图 2－11 中，若表头灵敏度为 I_M、内阻为 R_M，欲将量程扩大到 I，由图可见，分流电阻 R_s 的求取方法如下

$$I_s = I - I_M$$
$$I_M R_M = I_s R_s$$

$$R_s = \frac{I_M R_M}{I_s} = \frac{I_M R_M}{I - I_M}$$

为了便于区分，以后凡装有分流电阻的表头称为电流表，没有分流电阻时称为表头。

为了在测量大小不同电流时能够进行准确的读数，电流表都设计成多量程式，实现多量程的方法是利用转换开关来切换不同的分流电阻。

1. 开路式分流电路

开路式分流电路各挡的分流电阻是各自独立的。在转换过程中，分流电阻与表头呈开路状态，如图 2 - 12 所示，它们的阻值可用公式 $R_s = \frac{I_M R_M}{I - I_M}$ 算出。

[例 2 - 1] 一只灵敏度为 40.6μA、内阻为 3440Ω 的表头，现欲使它成为一只多量程（1mA、10mA、100mA 和 1000mA）直流电流表，求各挡分流电阻的阻值（电路如图 2 - 12 所示，电流以 mA 为单位）。

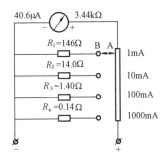

图 2 - 12　开路式分流电路

解　1mA 挡

$$R_1 = \frac{I_M R_M}{I_1 - I_M} = \frac{0.040\ 6 \times 3440}{1 - 0.040\ 6}\Omega = 146\Omega$$

10mA 挡

$$R_2 = \frac{I_M R_M}{I_2 - I_M} = \frac{0.040\ 6 \times 3440}{10 - 0.040\ 6}\Omega = 14.0\Omega$$

100mA 挡

$$R_3 = \frac{I_M R_M}{I_3 - I_M} = \frac{0.040\ 6 \times 3440}{100 - 0.040\ 6}\Omega = 1.40\Omega$$

1000mA 挡

$$R_4 = \frac{I_M R_M}{I_4 - I_M} = \frac{0.040\ 6 \times 3440}{1000 - 0.040\ 6}\Omega = 0.140\Omega$$

开路式分流电路由于各挡分流电阻是独立的，所以互不影响，可以单独进行调整。但由于转换开关的触点是与分流电路串联的，开关的 A、B 两点存在着接触电阻，而这个电阻与分流电阻串联，所以将直接影响测量的准确度，引起较大的误差，特别是测量较大电流（分流电阻小）时，误差更大。如果开关的触点存在着接触不良，或者在测量的过程当中进行换挡造成与分流电阻开路的现象，分流电路不能进行分流，被测电流将全部流过表头，容易使表头烧坏。所以在实际应用中已很少采用这种电路，大多采用"闭路式分流电路"。

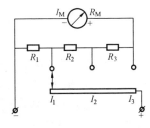

图 2 - 13　闭路式分流电路

2. 闭路式分流电路

闭路式分流电路就是将各挡分流电阻和表头内阻 R_M 连接成一个闭合电路，如图 2 - 13 所示。

（1）直流电流测量原理。在图 2 - 13 中，当转换开关的动触点置于电流量程为 I_3 的量程挡时，电阻（$R_1 + R_2 + R_3$）构成了 I_3 电流挡的分流电阻。这时的分流支路电阻最大，相应的电流挡量程最小。

当转换开关的动触点从 I_3 量程挡旋至 I_2 量程挡时，测量电流的量程从 I_3 变为 I_2，分流支路的电阻由 $(R_1 + R_2 + R_3)$ 变为 $(R_1 + R_2)$，原分流电阻 R_3 变成与表头串联，使表头的支路电阻增大，因此，测量电流的量程由 I_3 扩大到 I_2，即 $I_2 > I_3$。

同理，当转换开关的动触点继续旋至 I_1 量程挡时，测量电流的量程由 I_2 进一步扩大到 I_1，这时分流支路电阻只有 R_1，而 $(R_2 + R_3)$ 与表头串联，成为表头支路电阻，故 $I_1 > I_2$。

在直流电流测量电路中，就是这样通过表头支路电阻的增加和分流支路电阻的减小来扩大电流测量的量程的。万用表的电流量程越小，表头支路电阻就越小，而分流支路电阻就越大；反之，表头支路电阻就越大，而分流支路电阻越小。

（2）直流电流测量电路的参数计算。在进行直流电流参数计算时，为了要兼顾直流电压挡和电阻挡的灵敏度，都是先算出极限灵敏度（在电阻挡量程允许误差范围内，将表头扩展成最小简单整数的灵敏度，如将 $41\mu A$ 表头扩展成 $50\mu A$）为 I 时的分流电阻的总阻值 R_s，如图 2－14（a）所示。

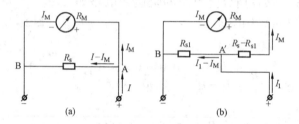

图 2－14　计算闭路式分流电路参数的等效电路
（a）R_s 分散前电路；（b）R_s 分散后电路

$$R_s = \frac{I_M R_M}{I - I_M}$$

此时

$$IR_s = I_M(R_M + R_s) \tag{2-1}$$

然后将 R_s 分散抽头，如图 2－14（b）所示，抽头后由于分流电阻减小（R_{s1} 小于 R_s）而表头等效内阻增加（变为 $R_M + R_s - R_{s1}$），量程即被扩大。当抽头点增多时，即可成为一只多量程直流电流表。现先根据量程 I_1 计算抽头点分流电阻 R_{s1}，此时 A′、B 两端并联电路电压相等。

$$(I_1 - I_M)R_{s1} = I_M(R_M + R_s - R_{s1})$$

两边消去 $I_M R_{s1}$ 得

$$I_1 R_{s1} = I_M(R_M + R_s) \tag{2-2}$$

由式（2－1）和式（2－2）得

$$I_1 R_{s1} = IR_s = I_M(R_M + R_s)$$

上式表明：电流量程和它的分流电阻乘积是一个常数，数值等于 $I_M(R_M + R_s)$，一般称它为测量电流时的最大电压降。有了这个常数，各个量程（挡）的分流电阻就可以算出。

在工艺上，为了便于调整、修理和成批生产，总分流电阻 R_s 大多采用较大的整数千欧值，表头上再串联一只可变电阻 R_0。这样一来，当表头参数有所变动时，可以得到补偿。

［例 2－2］ MF47 型万用表直流电流测量电路如图 2－15 所示，若表头灵敏度为 $41\mu A$，

内阻约为 $2k\Omega$。试计算出量程分别为 $5A$、$500mA$、$50mA$、$5mA$、$500\mu A$、$50\mu A$ 的各量程分流电阻的阻值。

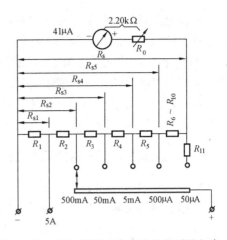

解 先把量程扩展到极限灵敏度 $50\mu A$，此时总分流电阻的阻值为

$$R_s = \frac{I_M R_M}{I - I_M} = \frac{41 \times 2}{50 - 41}k\Omega = 9.11k\Omega$$

现取 $R_s = 10k\Omega$，则表头电阻通过上式反算应为

$$R_M = \frac{R_s(I - I_M)}{I_M} = \frac{10 \times (50 - 41)}{41}k\Omega = 2.20k\Omega$$

因为表头内阻只有 $2k\Omega$，不足之数串入一只阻值为 620Ω 的可调电阻 R_0 来补足，如图 2-15 所示。

图 2-15 MF47 型万用表直流电流测量电路

此时，测量直流电流时的最大电压降

$$I_M(R_s + R_M) = 41 \times 10^{-6}(10 \times 10^3 + 2.20 \times 10^3)V = 0.5V$$

各量程的分流电阻为

5A 挡

$$R_{s1} = \frac{0.5}{5}\Omega = 0.1\Omega$$

$$R_1 = R_{s1} = 0.1\Omega$$

500mA 挡

$$R_{s2} = \frac{0.5}{500 \times 10^{-3}}\Omega = 1\Omega$$

$$R_2 = R_{s2} - R_{s1} = (1 - 0.1)\Omega = 0.9\Omega$$

50mA 挡

$$R_{s3} = \frac{0.5}{50 \times 10^{-3}}\Omega = 10\Omega$$

$$R_3 = R_{s3} - R_{s2} = (10 - 1)\Omega = 9\Omega$$

5mA 挡

$$R_{s4} = \frac{0.5}{5 \times 10^{-3}}\Omega = 100\Omega$$

$$R_4 = R_{s4} - R_{s3} = (100 - 10)\Omega = 90\Omega$$

500μA 挡

$$R_{s5} = \frac{0.5}{500 \times 10^{-6}}\Omega = 1000\Omega$$

$$R_5 = R_{s5} - R_{s4} = (1000 - 100)\Omega = 900\Omega$$

50μA 挡

$$R_s = 10k\Omega$$

$$R_6 \sim R_{10} = R_s - R_{s5} = (10 - 1)k\Omega = 9k\Omega$$

通过以上计算可以知道，万用表的表头内阻不一定非要很准确，因为它可以用 R_0 来调整。

这种电路转换开关的触点是串联在所测电流的总电路中，它的接触电阻不影响分流电阻的阻值，所以引起的误差较小。即使开关失灵，总电路不通，也不会烧坏表头。

MF47 型万用表直流电流 5A 挡的测量端是直接引在面板的插孔上，用 5A 挡测量直流电流时，需将红表笔从"＋"插孔拔出，直接插入"5A"插口进行测量，避免了较大的被测电流通过转换开关触点而使其烧坏。在 50μA 的测量电路中串入电阻 R_{11}，是为了能够进行 0.25V 直流电压的测量，其工作原理在测量直流电压电路的原理及计算中叙述。

二、测量直流电压电路的原理及计算

1. 测量直流电压电路的原理

万用表中用来测量直流电压的电路，实际上就是一只用直流电流表做成的多量程电压

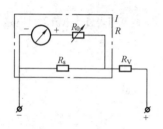

图 2 – 16 直流电压测量电路

表。我们知道一只直流电流表就是一只量程很小的直流电压表，其量程很小是因为电流表的内阻很小，如果在电流表中串入一定的附加电阻 R_V，就可以扩大其电压量程，如图 2 – 16 所示。图中 R_V 称为分压电阻，点划线框内为等效内阻为 R，灵敏度（量程）为 I 的电流表。

改变分压电阻 R_V 的阻值，电压量程就随之改变，分压电阻阻值越大，它相应的量程也越大，所以配以不同阻值的分压电阻，就可以得到多个不同的电压量程。万用表中串联分压电阻的方式有单用式和共用式两种。

单用式分压电阻的电压测量电路如图 2 – 17 所示。它的优点是每个电压量程都配有独立的分压电阻，各量程之间彼此独立，互不影响，如果某挡量程的分压电阻损坏，其他各挡仍可正常工作。若分压电阻 $R_1 > R_2 > R_3$，则各电压量程的关系是 $U_1 > U_2 > U_3$。

共用式分压电阻的电压测量电路如图 2 – 18 所示。这种电路的特点是低量程的分压电阻是高量程总分压电阻中的一部分。如图 2 – 18 所示，量程 U_1 的分压电阻是 R_1，量程 U_2 的分压电阻是 $(R_1 + R_2)$，而量程 U_3 的分压电阻是 $(R_1 + R_2 + R_3)$。显然各电压量程的关系为 $U_3 > U_2 > U_1$。它的优点是可节约绕制分压电阻的材料（锰铜丝）；缺点是一旦低量程的分压电阻损坏或变质，则在该量程之上的各高量程挡也受到影响，甚至不能工作。

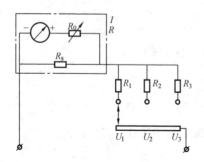

图 2 – 17 单用式分压电阻电路

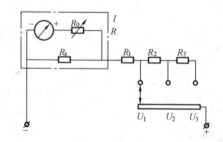

图 2 – 18 共用式分压电阻电路

2. 测量直流电压电路的计算

一只灵敏度为 I，内阻为 R 的电流表，就是一只量程为 $U = IR$ 的电压表，若给它串接一

只分压电阻 R_V，其量程将扩大到 U_1，此时

$$U_1 = I(R + R_V)$$

例如，一只 $100\mu A$ 的电流表，它的内阻为 $1.52k\Omega$，能用来测量的电压量程为

$$U = IR = 100 \times 10^{-6} \times 1.52 \times 10^3 V = 0.152 V$$

如果给它串接一只 $8.48k\Omega$ 的电阻，量程即扩展为

$$U_1 = I(R + R_V) = 100 \times 10^{-6}(1.52 + 8.48) \times 10^3 V = 1 V$$

此时电压表的内阻为 $10k\Omega$。其物理意义为：这只电压表测量每伏直流电压需要 $10k\Omega$ 内阻，即 $10k\Omega/V$。这个数值，称它为 $100\mu A$ 电流表的直流电压灵敏度。实际上，它是电流表灵敏度的倒数，即

$$\frac{1}{I} = \frac{1}{100 \times 10^{-6}}\Omega/V = 10\ 000\Omega/V = 10k\Omega/V$$

有了电压灵敏度这个概念，我们就可以方便地将电压表各挡的内阻计算出来。例如，用 $100\mu A$ 电流表改装成直流电压表，其 $10V$ 挡的内阻为

$$R_{10V} = 10V \times 直流电压灵敏度 = 10V \times 10k\Omega/V = 100k\Omega$$

直流电压的灵敏度越高，测量直流电压时分去的电流（即经过电压表的电流）越少，测量结果越准确。表 $2-4$ 是各种电流表的直流电压灵敏度。

表 2 – 4 　　　　　　　　　　各种电流表的直流电压灵敏度

直流电流表灵敏度/μA	直流电压灵敏度 $\left(\dfrac{1}{I}\right)\Big/$（$k\Omega/V$）
10	100
20	50
25	40
50	20
100	10
200	5
250	4
500	2
1000	1

在进行测量直流电压电路计算时，应首先确定电流表的灵敏度 I，并计算出电流表的等效电阻 R，根据 I 算出直流电压灵敏度，然后就可以方便地算出直流电压各量程挡的内阻，从而求出对应的分压电阻 R_V 的阻值。

[例 2 – 3] 在图 2 – 19 中，电流表灵敏度为 $100\mu A$，内阻为 $1.5k\Omega$，试求出量程为 $10V$、$50V$ 和 $250V$ 测量挡的各分压电阻。

解 因电流表的灵敏度 $I = 100\mu A$，其直流电压灵敏度为 $1/I = 1/100\mu A = 10k\Omega/V$，故各挡的电阻为

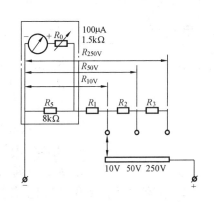

图 2 – 19 直流电压测量电路

$$R_{10V} = 10V \times 10k\Omega/V = 100k\Omega$$

$$R_1 = 100k\Omega - 1.5k\Omega = 98.5k\Omega$$

$$R_{50V} = 50V \times 10k\Omega/V = 500k\Omega$$

$$R_2 = 500k\Omega - 100k\Omega = 400k\Omega$$

$$R_{250V} = 250V \times 10k\Omega/V = 2500k\Omega$$

$$R_3 = 2500k\Omega - 500k\Omega = 2000k\Omega = 2M\Omega$$

R_2、R_3 的电阻值也可以从两量程挡的电压差乘以直流电压灵敏度直接得到，例如

$$R_2 = (50V - 10V) \times 10k\Omega/V = 400k\Omega$$

$$R_3 = (250V - 50V) \times 10k\Omega/V = 2000k\Omega$$

[**例 2 - 4**] MF47 型万用表测量直流电压电路如图 2 - 20 所示。在量程为 0.25V、1V、2.5V、10V 和 50V 测量挡时，所用电流表的灵敏度为 50μA（以提高测量准确度）；在量程为 250V、500V、1000V 和 2500V 测量挡时，改变了电流接入点，使其电流表的灵敏度为 250μA（以减小倍压电阻阻值，并与交流电压测量电路中倍压电阻共用）。试计算各电阻阻值。

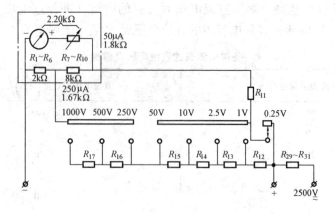

图 2 - 20　MF47 型万用表测量直流电压电路

解　该电路分两部分进行计算

（1）直流电压测量挡在 50V 及以下各挡的参数计算　因电流表是接成灵敏度为 50μA 的形式，其直流电压灵敏度为 $1/50\mu A = 20k\Omega/V$，电流表等效内阻是 R_M 和（$R_1 \sim R_{10}$）的并联电阻，其值为 $\dfrac{2.2 \times (2+8)}{2.2 + (2+8)}k\Omega = 1.8k\Omega$，此时各测量挡的电阻为

$$R_{0.25V} = 0.25V \times 20k\Omega/V = 5k\Omega$$

$$R_{11} = 5k\Omega - 1.8k\Omega = 3.2k\Omega$$

$$R_{12} = (1V - 0.25V) \times 20k\Omega/V = 15k\Omega$$

$$R_{13} = (2.5V - 1V) \times 20k\Omega/V = 30k\Omega$$

$$R_{14} = (10V - 2.5V) \times 20k\Omega/V = 150k\Omega$$

$$R_{15} = (50V - 10V) \times 20k\Omega/V = 800k\Omega$$

（2）直流电压挡 250V 及以上各挡的参数计算　250V 及以上各挡，电流表是接成灵敏度为 250μA 的形式，其直流电压灵敏度为 $1/250\mu A = 4k\Omega/V$，电流表等效内阻是 $[R_M +$

$(R_7 \sim R_{10})$〕和（$R_1 \sim R_6$）的并联电阻，其值为 $\dfrac{(2.2+8)\ \times 2}{(2.2+8)\ +2}k\Omega = 1.67k\Omega$，此时各测量挡

电阻为

$$R_{250V} = 250V \times 4k\Omega/V = 1000k\Omega$$

此时其倍压电阻应为 $1000k\Omega - 1.67k\Omega = 998k\Omega$，而 $R_{12} \sim R_{15}$ 的阻值之和为 $15k\Omega +$ $30k\Omega + 150k\Omega + 800k\Omega = 995k\Omega$ 与其近似，误差很小（仅为 0.3%），正好可以利用。

$$R_{16} = (500V - 250V) \times 4k\Omega/V = 1000k\Omega = 1M\Omega$$

$$R_{17} = (1000V - 500V) \times 4k\Omega/V = 2000k\Omega = 2M\Omega$$

$$R_{29} \sim R_{31} = (2500V - 1000V) \times 4k\Omega/V = 6000k\Omega = 6M\Omega$$

MF47 型万用表直流电压 2500V 的测量端是直接引在面板的插孔上，用 2500V 挡测量电压时，需将红表笔插在 2500$\underline{V}$ 的插孔中，并将转换开关打在直流 1000V 挡的位置上进行测量。0.25V 电压测量挡是与直流电流 50μA 测量挡共用的。

三、测量交流电压电路的原理及计算

万用表的表头是磁电系测量机构，不能直接用来测量交流。需要测量交流电时，必须通过整流电路将交流电变换为直流电后进行测量。万用表交流电压测量电路就是由整流电路、磁电系表头和各种附加电阻构成的多量程交流电压表。这种结构的仪表称为整流系仪表。

1. 晶体二极管及整流电路

（1）晶体二极管。万用表中整流电路通常是由晶体二极管组成的。晶体二极管简称为二极管，用硅材料做成的二极管称为硅二极管，用锗材料做成的二极管称为锗二极管。二极管有两个电极，一个叫做正极，另一个叫做负极，它的外形及符号如图 2-21 所示。

(a)　　　　　　　　　　　　　　(b)

图 2-21　晶体二极管

（a）小容量二极管的一般外形；（b）二极管的电气符号

二极管具有单向导电的特性。当二极管承受正向电压（正极的电位高于负极的电位）时，二极管导通，电流从二极管的正极流向负极，如图 2-21（b）所示，此时二极管呈低阻状态，这就是所谓的正向电阻小。反之，当二极管承受反向电压（正极电位低于负极电位）时，二极管截止，即不导通（实际上有微小的电流），此时二极管呈高阻状态，这就是所谓的反向电阻大。二极管正向电阻越小，反向电阻越大，说明二极管的单向导电性越好。理想的情况是正向电阻为零，而反向电阻为无穷大。

衡量二极管整流性能好坏的参数是整流效率

$$\eta = 1 - \frac{\text{二极管正向电阻}}{\text{二极管反向电阻}}$$

整流效率越接近于 1 越好。通常硅二极管的整流性能比锗二极管的好。

（2）半波整流电路及其工作原理。将交流电变换成脉动的直流电的电路称为整流电路，根据电路的结构不同，分为半波整流电路和全波（桥式）整流电路。半波整流电路由于结构简单，因而在万用表中被广泛采用。

万用表中使用的半波整流电路如图 2－22（a）所示，二极管 VD1 起整流作用，与电流表串联，二极管 VD2 对 VD1 起反向保护作用，R_V 为等效分压电阻。

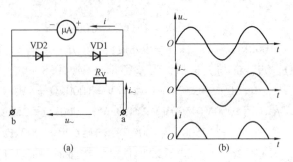

图 2－22　半波整流电路
（a）电路；（b）波形

设输入端 ab 间加正弦交流电压 $u_\sim = \sqrt{2} U_\sim \sin\omega t$，将产生正弦交流电流 $i_\sim = \sqrt{2} I_\sim \sin\omega t$，$U_\sim$、$I_\sim$ 为交流电压、电流的有效值，电压 $u_\sim$ 与电流 $i_\sim$ 的波形如图 2－22（b）所示。

当 $u_\sim$ 为正半周，即 a 端为正、b 端为负时，二极管 VD1 处于正向电压而导通，电流 $i_\sim$ 由 a→R_V→VD1→电流表→b 构成回路，此时流过电流表的电流 $i = i_\sim$。而 VD2 因反向电压而截止，相当于一只断开的开关。

当 $u_\sim$ 为负半周，即 a 端为负、b 端为正时，二极管 VD1 承受反向电压而截止，而二极管 VD2 承受正向电压导通，电流 $i_\sim$ 由 b→VD2→R_V→a 构成回路，此时电流 $i_\sim$ 不经过电流表，故电流表电流 $i = 0$，如图 2－22（b）所示。此时，VD2 的导通，使 VD1 免受反向电压的作用，从而对 VD1 起反向保护作用。

如果没有 VD2，这时 VD1 受到最高反向电压为 $\sqrt{2} U_\sim$，若 $\sqrt{2} U_\sim$ 较大而 VD1 的反向耐压不够，则会使 VD1 击穿而损坏。若采用反向击穿电压高于所测量交流电压峰值的二极管作为 VD1 时，则可不用 VD2。但这种二极管的价格较高，所以一般不用。

综上所述可知，通过电流表的电流是单向脉动直流，即方向不变，大小随时间而变的直流，因此，作用在电流表测量机构活动部分上的转动力矩也是一个方向不变，而数值随时间变化的力矩。由于测量机构活动部分的惯性，使得它不可能随瞬时力矩的变化而变化。所以指针最后指示的位置决定于一个周期内瞬时力矩的平均值，即平均力矩 T，而平均力矩是与流过电流表的平均电流 I 成正比的。

当正弦交流电流有效值为 $I_\sim$ 时，流过电流表的平均电流为 I，由数学分析可得

$$I = 0.45 I_\sim$$

考虑到二极管的整流效率 η，实际通过电流表的电流平均值为

$$I = 0.45 I_\sim \eta$$

一般取 $\eta = 0.98$

$$I = 0.45 I_\sim \eta = 0.44 I_\sim$$

由于表头的平均力矩与平均电流成正比，仪表指示的自然是电流的平均值。然而在实际测量中，需要测量的是正弦交流电量的有效值，为了使整流系仪表便于测量，其标度尺应按有效值进行刻度。由上述分析知道，采用半波整流系仪表只需将原来直流电流刻度除以

0.44，即可得到正弦交流电流有效值的刻度。

需要指出的是：上述标度尺刻度是在正弦交流下得出的，因此，整流系仪表，通常只适用于正弦交流电路的测量，而不能用于非正弦量的测量，否则会产生很大的读数误差。

万用表适用的频率范围较宽，一般为 45～1000Hz，有的可达 5000Hz，甚至更高。

2. 测量交流电压电路的原理

在上述带有整流电路的电流表电路中接入各种数值的分压电阻，即构成多量程的交流电压表。与直流电压挡的测量电路类似，多量程交流电压挡的测量电路也可分为单用式分压电阻和共用式分压电阻两种，如图 2－23 所示。

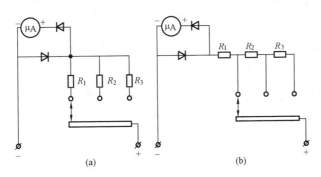

图 2－23　多量程测量交流电压电路

（a）单用式分压电阻电路；（b）共用式分压电阻电路

在万用表中，为了节省元件，交流电压测量电路往往与直流电压测量电路共用某些分压电阻；为了读数方便，还希望测量正弦交流电压有效值与测量直流电压共用同一条标度尺。但这是矛盾的，因为在同一分压电阻下，测量有效值为 1V 的正弦交流电压时，流过表头的平均电流与测量 1V 直流电压时流过表头的电流相比较，在半波整流电路中，只有直流的 0.44 倍，所以只共用分压电阻而不采取其他措施，是不能共用一条标度尺的。

如果要共用一条标度尺，交流电压测量电路的电压灵敏度必须和直流测量电路的电压灵敏度一样，或者交流电压测量电路与直流电压测量电路采用不同的分压电阻。

3. 测量交流电压电路的计算

测量交流电压电路的计算与测量直流电压电路一样，要先算出交流电压灵敏度，然后就可以方便地算出交流电压各量程挡所需的内阻，从而求出对应的分压电阻 R_V 的阻值。

我们知道，一只直流电流表的灵敏度 I 指的是直流电流表满刻度偏转的电流。一只带整流电路的直流电流表就是一只交流电流表，它可以测量交流电流，而能够使这只电流表满刻度偏转的交流电流有效值 $I_\sim$ 就称为这只交流电流表的灵敏度。而 $1/I_\sim$ 就是它的交流电压灵敏度，其含义同直流电压灵敏度一样，不再赘述。

对于带有半波整流电路的直流电流表，如果已知直流电流表的灵敏度为 I，它的交流电流表灵敏度为 $I_\sim$，由半波整流电路原理分析可得 $I = 0.44I_\sim$，即 $I_\sim = I/0.44$。这样就可以方便地求出交流电压灵敏度

$$1/I_\sim = 1/(I/0.44) = 0.44/I = 0.44(1/I)$$

而 $1/I$ 为直流电压灵敏度，上式表明了二者的关系。

[例 2－5]　在图 2－24 所示的测量交流电压的电路中，直流电流表的灵敏度为 100μA，

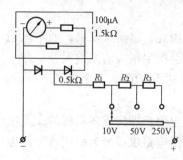

图 2 - 24　测量交流电压电路

内阻为 1.5kΩ，二极管正向电阻为 0.5kΩ，试求出交流电压量程为 10V、50V 和 250V 测量挡的各分压电阻。

解　因电流表灵敏度 $I = 100\mu A$，其交流电压灵敏度为

$$1/I_{\sim} = \frac{0.44}{I} = \frac{0.44}{100\mu A} = 4.4k\Omega/V$$

各挡电阻为

$$R_{10V} = 10 \times 4.4k\Omega = 44k\Omega$$

$$R_1 = (44 - 1.5 - 0.5)k\Omega = 42k\Omega$$

$$R_{50V} = 50 \times 4.4k\Omega = 220k\Omega$$

$$R_2 = (220 - 44)k\Omega = 176k\Omega$$

$$R_{250V} = 250 \times 4.4k\Omega = 1100k\Omega$$

$$R_3 = (1100 - 220)k\Omega = 880k\Omega$$

同直流电压电路计算一样，R_2、R_3 的阻值也可以从两量程的电压差乘以交流电压灵敏度直接得到，例如

$$R_2 = (50 - 10) \times 4.4k\Omega = 176k\Omega$$

$$R_3 = (250 - 50) \times 4.4k\Omega = 880k\Omega$$

[例 2 - 6]　MF47 型万用表测量交流电压电路如图 2 - 25 所示。根据直流电流表的接法可计算出其灵敏度 $I = 110\mu A$，等效电阻 $R = 2.83k\Omega$，二极管的正向电阻为 1.17kΩ，试计算出各分压电阻。

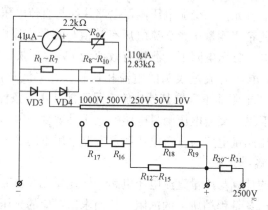

图 2 - 25　MF47 型万用表测量交流电压电路

解

$$1/I_{\sim} = \frac{0.44}{110\mu A} = 4k\Omega/V$$

$$R_{10V} = 10 \times 4k\Omega = 40k\Omega$$

$$R_{19} = (40 - 2.83 - 1.17)k\Omega = 36k\Omega$$

$$R_{18} = (50 - 10) \times 4k\Omega = 160k\Omega$$

$$R_{250V} = 250 \times 4k\Omega = 1000k\Omega$$

$$R_{12} \sim R_{15} = (1000 - 4)k\Omega = 996k\Omega（实取 995k\Omega）$$

$$R_{16} = (500 - 250) \times 4k\Omega = 1000k\Omega = 1M\Omega$$

$$R_{17} = (1000 - 500) \times 4k\Omega = 2000k\Omega = 2M\Omega$$

$$R_{29} \sim R_{31} = (2500 - 1000) \times 4k\Omega = 6000k\Omega = 6M\Omega$$

由以上计算可知，电阻 $R_{12} \sim R_{15}$、R_{16}、R_{17} 和 $R_{29} \sim R_{31}$ 的阻值和它们组成的电路完全同测量直流电压电路一样，这是因为交流电压灵敏度和直流电压灵敏度一样。在 MF47 型万用表中，这些电阻组成的电路在测量交流电路中与测量直流电路中是共用的，这不仅节省了元件，也使测量电路得到了简化。用交流 2500V 挡测量电压时，需将红表笔从面板的"＋"插孔中拔出插入 2500 $\underline{V}$ 的插孔中，并将转换开关打在交流 1000V 的挡位上进行测量。

四、测量电阻电路的工作原理

万用表中测量电阻的电路，实质上是一个多量程的欧姆表。其基本电路是由直流电源 E（通常采用干电池）、限流电阻 R_d 和一只灵敏度为 I、等效内阻为 R 的直流电流表串联而成，如图 2 - 26 所示，图中 R_x 为被测电阻。

1. 测量电阻电路的基本原理

在图 2 - 26 中，根据欧姆定律可知，流过被测电阻的电流为

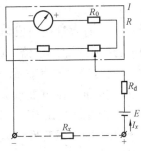

$$I_x = \frac{E}{R + R_d + r + R_x} = \frac{E}{R_Z + R_x}$$

式中，r 为直流电源的内阻；$R_Z = R + R_d + r$ 为欧姆表的综合内阻，简称欧姆表内阻。由于电路是串联电路，所以流过被测电阻的电流与流过电流表的电流相等。因此，当电流 E 和限流电阻 R_d 不变时，电流表指针偏转角的大小

图 2 - 26 欧姆表基本电路

（流过电流表是流 I_x 的大小）与被测电阻 R_x 的大小是一一对应的，即电流表指针的偏转角反映了被测电阻的大小。如果电流表的标度尺按电阻刻度，就可以直接测量电阻的大小。

当被测电阻 $R_x = 0$（将"＋"、"－"两表笔短接）时，电路中总电阻最小（等于欧姆表内阻 R_Z），通过电流表的电流 I_x 最大。如果选择适当的限流电阻 R_d（$R_d = E/I - R - r$），就可以使 $I_x = I$，此时电流表指针满刻度偏转，在此位置表盘刻度标出 0Ω。

当被测电阻 R_x 为某一阻值时，$I_x < I$ 指针就指在小于满刻度的某一位置上。当 $R_x = R_Z$ 时，$I_x = \frac{1}{2}I$，指针指在刻度盘的中间位置，在此位置表盘刻度标出与 R_Z 相同的阻值。

当被测电阻 $R_x = \infty$（即两表笔断开）时，$I_x = 0$，指针不动，停在左边起始位置上，在此表盘刻度标出 $\infty\Omega$，表示被测电阻为无穷大（即开路）。

从以上对欧姆表的分析可以看出，欧姆表的标度尺为反向刻度，与电流表、电压表的标度尺的刻度方向恰好相反，其零值在刻度盘的最右端，最大值在刻度盘的最左端。

欧姆标度尺的刻度是不均匀的（左端密集）。我们知道电流表的指针偏转角与流过电流表的电流 I_x 成正比，而 $I_x = E/(R_Z + R_x)$，显然与被测电阻 R_x 不成比例。当被测电阻 $R_x = R_Z$ 时，$I_x = \frac{1}{2}I$，指针指在中央，即满刻度的 1/2 处，此时标度尺的刻度值为 R_Z 的阻值，称为中值（中心阻值）；当 $R_x = 2R_Z$ 时，$I_x = \frac{1}{3}I$，指针指在满刻度的 1/3 处；当 $R_x = 3R_Z$ 时，

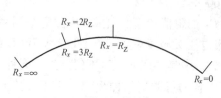

图 2-27 欧姆标度尺刻度

$I_x = \dfrac{1}{4}I$，指针指在满刻度的 1/4 处；以此类推，当 $R_x = nR_Z$ 时，指针就指在满刻度的 $1/(n+1)$ 处，如图 2-27 所示。

从刻度分布不均匀性的分析中可以看出，欧姆表的测量范围看起来是无限的。但其有效量程却是有限的，它一般在（0.1～10）倍中值范围内，超过这个有效量程，就难以读数，测量的准确度就大大降低。在测量较大或较小的电阻时，则需要改变欧姆表的有效量程。

2. 改变欧姆表有效量程的方法

欧姆表的有效量程，在仪表中值的 0.1～10 倍范围之内。因此，欧姆表的中值可以代表欧姆表的有效量程，而欧姆表的中值就是欧姆表的内阻。所以改变欧姆表的内阻，就可以改变欧姆表的有效量程而成为一只具有几个中值的多量程欧姆表。例如，原欧姆表的内阻为 12Ω，若内阻增大 10 倍，即增至 120Ω，而指针仍偏转到刻度盘的中央，中值就变成为 120Ω，此时仪表的有效量程也就扩大了 10 倍。

另一方面，在改变欧姆表内阻的同时，还必须满足 $R_x = R_Z$ 时指针仍指在中央，或 $R_x = 0$ 时指针仍指在零欧，即表头电流等于其满刻度电流这个条件。

实用中的多量程欧姆表在电路结构上，通常都采取了两种措施：一是用串、并联电路改变内阻；二是在改变内阻的同时，相应地改变电源电压。此外，为了便于读数，各挡共用一条标度尺。欧姆表的有效量程都是按 10、100、1000、10 000 倍的倍率扩大的，它们的中值电阻彼此之间也是十进位。标度尺上的中值是以 $R \times 1$ 挡的中心阻值标数，其他各挡的中值电阻与表盘中心标度阻值的关系是：某挡的中值电阻 = 表盘中心标度阻值 × 该挡倍率。

测量电阻时，只需将指针指示的数值乘以该挡的倍率（×1、×10、×100、×1k、×10k）即可得到被测电阻的数值。

（1）用并联分流电阻的方法来减小欧姆表内阻。在保持电源电压不变的情况下，可通过给欧姆表的内阻上并联分流电阻的方法来减小欧姆表的内阻值，并联不同阻值的分流电阻，欧姆表就具有了不同的内阻。MF47 型万用表测量电阻电路如图 2-28 所示。

图中 $R \times 1k$ 挡没有并联分流电路，$R \times 100$、$R \times 10$ 和 $R \times 1$ 挡分别并联了分流电阻 R_{22}、R_{23} 和 R_{24}，从阻值上看，$R_{22} > R_{23} > R_{24}$。由于低量程挡的欧姆中值小，要求的总内阻小，所以只能用小阻值的分流电阻；而较高量程挡，需用较大阻值的分流电阻。各分流电阻的选择应保证在各挡时的内阻和相应各挡的欧姆中值相等。

这样，测量阻值较大的电阻 R_x 时，虽然整个电路的总电流 I_x 减小，但由于此时需要较高量程挡去测量，与表头并联的分流电阻值增大，分流作用减小，从而使通过表头的电流大小仍保持与低量程基本一

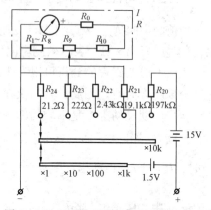

图 2-28 MF47 型万用表测量电阻电路

样。所以表针虽然指在同一位置，但所表示的被测电阻却扩大了。万用表中较低倍率挡（如 $R \times 1$、$R \times 10$、$R \times 100$ 等）一般均采用这种方法扩大量程。这些量程中使用的电源一般是 1.5V 电池。

（2）用串联电阻的方法来增加欧姆表内阻。欧姆表在高阻值的量程挡（如 $R \times 10k$ 挡）则需要有较大的内阻，这时可通过在欧姆表内阻上串联电阻的方法来增加欧姆表的内阻值。由于欧姆表内阻的增加，在原来电源电压不变的情况下，自然会引起流进电流表的电流减小，即被测电阻 $R_x = 0$（两表笔短接）时，指针不能满刻度偏转，为此在增加欧姆表内阻的同时，应提高电源电压。这就是为什么在高阻值量程挡采用较高电压的电池（一般采用叠层电池）作为电源的原因。MF47 型万用表在 $R \times 10k$ 挡测量电阻电路中串联了电阻 R_{20}，同时采用了电压为 15V 的叠层电池，如图 2-28 所示。

3. 零欧姆调整器

万用表中的测量电阻电路所使用的电源是干电池，使用日久，其电压要降低，换上新电池，其电压又偏高。这就会使 $R_x = 0$ 时，指针偏离零位。为此，所有万用表都设有零欧姆调整器。

在万用表电路中，用得较多的是并联式欧姆调整器，它是由一只电位器构成的，串联在表头的总分流电阻 R_S 中，并作为 R_S 的一部分，如图 2-28 中的 R_9，其阻值常为总分流电阻 R_S 的 1/3 ~ 1/4。在 MF47 型万用表中，总分流电阻 $R_S = R_1 \sim R_{10} = 10k\Omega$（这在前面的测量电路中已有详细计算），所以 $R_9 = (1/3 \sim 1/4) R_S = 3.33 \sim 2.5k\Omega$，实取 $2.7k\Omega$。

万用表使用的电池电压的低限定为 1.2V，并使电位器的活动端位于 R_9 的最右端时，指针指示零位（0Ω）。换上新电池，电压由 1.2V 升到 1.6V 时，流过表头的电流将大于其满刻度电流，指针指示将超过零位，这时可将 R_9 的活动端从右端滑至最左端，结果分流电阻减小，分流电流增大，同时由于表头支路的电阻增大，而使表头电流减小，在这样双重作用下，表头电流减至满刻度电流，指针指示零位。

在这种调零电路中，由于表头支路和分流支路电阻的变化总是相反的，两支路又是并联的，因而仪表的内阻变化不大，引起的误差也就小了。

以上综述了万用表的基本测量电路，万用表还有一些其他的辅助测量电路和一些附属电路。如图 2-10 所示，MF47 型万用表电路中的电阻 R_{25}、R_{27} 和 R_{28} 等所组成的电路是测量晶体管直流电流放大倍数 h_{FE} 电路；与表头并联的二极管 VD1 和 VD2 是表头的保护电路，防止表头因过载而烧坏；电解电容 C_1 是测量交流电压时的滤波电容。

第三节　万用表的装配

以一种适合自行组装的实训万用表为例，介绍万用表的装配过程。这种万用表是在 MF47 型万用表的基础上进行改制的，它的外形及技术指标与 MF47 型万用表相仿，其原理电路如图 2-29 所示。

该万用表的线路板采用印制电路，除了表头与电池，其他电气元件全部安装在印制电路板上。印制电路板与外部的连接线仅 6 根（2 根表头线，2 根 9V 电池扣线，2 根 1.5V 电池夹连接线）。印制电路板一面是印制电路和连接元器件的焊盘，另一面画有各元器件的安装

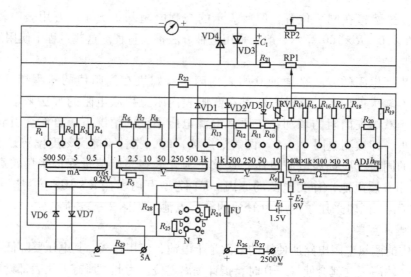

图 2-29 实训万用表原理电路

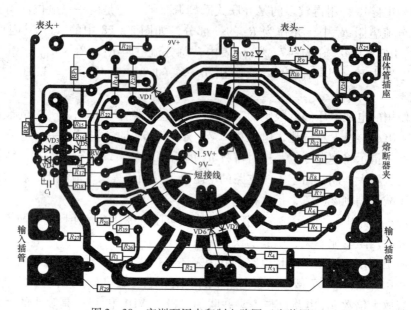

图 2-30 实训万用表印制电路图（安装图）

位置图，按照图安装非常方便，印制电路板如图 2-30 所示。该万用表的转换开关是由静触点、动触点（电刷）和旋钮（含旋转轴）三部分组成的，其中静触点是直接印制在印制电路中，如图 2-30 所示的中央部分。

一、万用表配套材料清单

万用表中配套材料共分四类：电气元件、电气材料、塑料配件和标准件。其中，电气元件清单见表 2-5；电气材料清单见表 2-6；塑料配件清单见表 2-7；标准件清单见表 2-8。

表 2 - 5 电 气 元 件 清 单

符号	名称	规格	数量	符号	名称	规格	数量
R_1	电阻	0.44Ω/0.5W	2	R_{19}	电阻	56Ω	1
R_2	电阻	5Ω/0.5W	1	R_{20}	电阻	176Ω	1
R_3	电阻	50.5Ω	1	R_{21}	电阻	20kΩ	1
R_4	电阻	555Ω	1	R_{22}	电阻	2.69kΩ	1
R_5	电阻	15kΩ	1	R_{23}	电阻	141kΩ	1
R_6	电阻	30kΩ	1	R_{24}	电阻	46kΩ	1
R_7	电阻	150kΩ	1	R_{25}	电阻	32kΩ	1
R_8	电阻	800kΩ	1	R_{26}	电阻	6.75MΩ/0.5W	1
R_9	电阻	85kΩ	1	R_{27}	电阻	6.75MΩ/0.5W	1
R_{10}	电阻	360kΩ	1	R_{28}	电阻	4.15kΩ	1
R_{11}	电阻	1.8MΩ	1	R_{29}	电阻	0.05Ω（电阻丝）	1
R_{12}	电阻	2.25MΩ	1	RP1	电位器	10kΩ	1
R_{13}	电阻	4.5MΩ/0.5W	1	RP2	电位器	500Ω	1
R_{14}	电阻	17.5kΩ	1	RV	压敏电阻		1
R_{15}	电阻	55.4kΩ	1	C_1	电容	10μF/16V	1
R_{16}	电阻	1.78kΩ	1	VD1～VD7	二极管	1N4007	7
R_{17}	电阻	165Ω/0.5W	1				
R_{18}	电阻	15.3Ω/0.5W	1				

注 电阻未标明功率的为 0.25W。

表 2 - 6 电 气 材 料 清 单

名称	数量	名称	数量	名称	数量
印制电路板	1	熔断器夹	2	电刷	1
9V 电池扣	1	晶体管插片	6	镀银丝	1
1.5V 电池夹	2	表笔插入管	4	连接线	2

表 2 - 7 塑 料 配 件 清 单

名称	数量	名称	数量	名称	数量	名称	数量
面板	1	提把	1	转换开关旋钮	1	面板标志膜	1
后盖	1	提把螺钉	2	电位器旋钮	1	铭牌	1
电池盖板	1	提把螺母	2	晶体管插座	1		

表 2 - 8 标 准 件 清 单

名称	规格	数量	名称	规格/mm	数量	名称	规格	数量
螺母	M5	1	平垫圈	φ3	4	钢珠		2
螺母	M3	4	平垫圈	φ6	1	钢纸板垫圈		1
螺钉	M3×6	4	轴用挡圈	φ4	1			
螺钉	M3×8	2	弹簧		2			

二、万用表的装配工艺过程

1. 准备工作

一套万用表的元器件和材料多达百件，其中有电气元件还有结构配件，认识这些元件和配件，了解它们的性能和作用是必须的。

（1）根据清单清点所有元器件和材料，并检查外观是否完好。

（2）检查表头内阻和灵敏度是否符合要求。检查表头是否有机械方面的故障，轻轻晃动表头，看表针能否自由摆动；用一字旋具调节表头的机械调零螺钉，看表针能否在零位附近跟随转动。

（3）检查电路板，是否有断裂、少线和短路等问题存在。

（4）测试电阻、电解电容器、二极管等电气元件，并核对电阻阻值，认清电解电容器和二极管的正负极。

万用表所用的电阻为精密电阻，所有的色环电阻为五环色码电阻。五环色码电阻的第一、第二、第三道色环表示有效数值，第四道色环表示前三道色环数值的倍率，第五道色环表示电阻的误差，具体含义见表 2 - 9。

表 2 - 9　　　　　　　　　　　五 环 色 码 含 义

项目	有效数字			倍　　率		误差（%）
色标	第一环	第二环	第三环	第四环		第五环
棕	1	1	1	10	(10^1)	±1
红	2	2	2	100	(10^2)	±2
橙	3	3	3	1000	(10^3)	
黄	4	4	4	10 000	(10^4)	
绿	5	5	5	100 000	(10^5)	±0.5
蓝	6	6	6	1 000 000	(10^6)	±0.2
紫	7	7	7	10 000 000	(10^7)	±0.1
灰	8	8	8	100 000 000	(10^8)	
白	9	9	9	1 000 000 000	(10^9)	
黑	0	0	0	1	(10^0)	
金	—	—	—	0.1	(10^{-1})	±5
银	—	—	—	0.01	(10^{-2})	±10

五环色码电阻器两端头都有色环如图 2 - 31 所示，一端为计数端（第一环），另一端为误差端（第五环）；误差端色环与第四道色环的间距较长。

五环色码电阻对于阻值小于 1Ω 的电阻，则将第三环空缺，不计任何数，如图 2 - 32 所示，千万不要误认为是四环色码电阻。表 2 - 10 举出了几个计算实例，供参考。

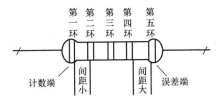

图 2-31　五环色码电阻

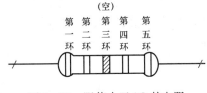

图 2-32　阻值小于 1Ω 的电阻

表 2-10　　　　　　　　　　　　　　　五环色码电阻识别举例

色环顺序色标与数码					计算	阻值/Ω	误差（%）
第一环	第二环	第三环	第四环	第五环			
黄 4	绿 5	黑 0	黄 10^4	绿 0.5	450×10 000	4.5M	±0.5
棕 1	红 2	黄 4	红 10^2	棕 1	124×100	12.4k	±0.1
棕 1	黑 0	绿 5	金 10^{-1}	红 2	105×0.1	10.5	±2
白 9	绿 5	橙 3	橙 10^3	蓝 0.2	953×1000	953k	±0.2
棕 1	红 2	蓝 6	棕 10^1	紫 0.1	126×10	1.26k	±0.1
白 9	黑 0	黑 0	银 10^{-2}	绿 0.5	900×0.01	9	±0.5
阻值小于 1Ω							
白 9	灰 8	—	银 10^{-2}	红 2	98×0.01	0.98	±2

2. 万用表装配步骤

（1）面板的装配。

1）粘贴面板上面膜。首先拔出万用表面板上的转换开关旋柄，并清洁面板表面灰尘，然后揭下面膜背面不干胶保护膜，将面膜贴到面板的相应位置上。注意贴面膜时一定要仔细，定位要准确，一次粘贴成功，若二次再贴将很困难。

2）安装转换开关旋柄。先将两个小弹簧放入面板与转换开关轴孔对称排列的两个（不通）孔中，再将两个钢珠分别摆在弹簧上，小心插入波段开关转轴，稍用力下压至听到咔嗒一声，最后将轴用挡圈用力推入转轴槽口内锁住，使转轴与面板成为一整体。这时旋转转换开关旋柄应能轻松地自由转动，并能听到清脆的嗒嗒声。

3）安装表头。将表头用 M3×6 的四个螺钉固定在面板上。

（2）焊接印制电路板上的元件和配件。

焊接顺序是先焊接紧贴在电路板上的元件，再焊接高出电路板的元件，其顺序如下：

1）焊接连接线。

2）焊接二极管，焊接时注意二极管的极性。

3）焊接电阻 $R_1 \sim R_{28}$，焊接时注意电阻的阻值必须无误。

4）焊接电位器、可调电阻、电阻 R_{29}（电阻丝）和电解电容器 C_1，焊接电解电容器时极性必须安装正确。

5）焊接四只表笔输入插管。

6）安装和焊接熔断器夹，按图所示位置装上熔断器夹，用焊锡焊牢，安装时位置要正确，并要注意其方向，否则熔管将装不上。

7）安装和焊接晶体管插座，先将 6 只晶体管插脚插入插座后，安装到电路板的相应位置，露出插座的插脚部分分别再穿入电路板的 6 个孔中。插座安装到位后，再将 6 个插脚焊接在电路板上。

（3）整机装配。

1）安装电路板，将电路板卡在面板里。

2）安装 1.5V 电池夹，用一根红导线和一根黑导线分别焊在 1.5V 的两个电池夹的焊位上，将两个电池夹卡在面板的卡槽内，注意电池的正负极，接红线的为正极，将红黑两根引线再分别焊到电路板上的对应焊盘上。

3）焊接 9V 电池扣，将 9V 电池扣的两根导线分别焊到电路板的对应焊盘上（红正黑负）。

4）焊接表头线，焊接时注意表头的正负极。

5）安装转换开关电刷，将电刷安装到转换开关旋钮转轴上，电刷的电极方向应与旋柄的指向一致，用 M5 的螺母将其固定牢固。

6）安装调零电位器旋钮。

7）安装万用表提把。

8）安装后盖，用两只 M3×8 的螺钉将后盖固定好（此项工作可在万用表调试完毕后再进行）。

3. 焊接注意事项

（1）焊接电路板时，一定要注意尽量少用松香，以免松香沾在电路板上的转换开关静触点上，造成万用表转换开关触点接触不良；更不允许将焊锡焊到转换开关的静触点上。

（2）在焊接电阻等元器件前，要核准阻值不能搞错，元件引脚要剪短到合适长度，并用小刀刮去引脚表面的氧化层。然后搪浸上一薄层锡，将引脚成型后，插入电路板上对应的焊接孔中，再将引脚焊在焊盘上。

（3）在电路板上，对某一个点的连接焊接时间不应过长，以免持续高温使印制电路脱离基板，造成电路板损坏。若一次焊接没有成功，应使焊点冷却后再进行二次重焊。

第四节　万用表的调试及常见故障分析

万用表装配好以后，需要进行调试，使得各挡测量准确度达到技术指标的要求。

对万用表准确度的调试通常采用比较法进行校验，就是用标准表或者标准电阻与被校表进行对比校验。一般取标准表比被校表准确度高二级，量程最好与被校表相同。校验前，要先调节机械调零螺钉，将指针调在零位。通过对万用表的校验，还会发现万用表存在的一些故障。为此，我们需根据故障现象对故障进行分析并加以排除，故障分析以图 2-29 所示的实训万用表为例。

一、万用表表头的校验及故障分析

万用表各测量挡所测量的电量都是通过表头指示出来的，所以首先要对表头进行校验，若有故障，要首先排除。

1. 表头灵敏度的校验

表头灵敏度校验电路如图2-33所示，先将粗调电位器中间滑动端调至最下端，细调电位器调至阻值最大位置，再接通直流电源U，然后分别调节粗调与细调电位器使表头指针满刻度偏转，此时标准表的读数 I_0 应等于表头灵敏度 I_M，若 $I_0 > I_M$，说明表头灵敏度下降。

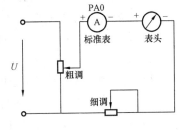

图2-33 表头灵敏度校验电路

2. 表头常见故障及修理

（1）标准表与表头均无指示。故障原因分析：若校验电路无误，唯一的可能就是表头动圈支路开路。

（2）标准表有指示，表头无指示。故障原因分析：

1）动圈短路；

2）动圈活动受阻，参见卡表故障。

（3）卡表。卡表主要指表头在通过电流时，指针不能持续平稳地偏转，出现打顿或受阻，不能正确指示实际测量值。故障原因分析：

1）卡表一般是由表头箱封闭不良，使铁屑等其他杂物进入表头可动部分的空隙造成的。排除时，可采用透光检验，即将表头引线从电路中焊下，打开表壳，将表头磁钢空隙对准光源检查，若有铁屑及杂物，可以用大号缝衣针或镊子清除杂物。

2）刻度盘紧固螺钉松动，动圈与铁心间隙不均匀，使动圈碰到铁心，均会造成卡表。修理时，只需紧固螺钉或调整表头支架到极掌间隙的中心位置。

3）指针支架变形，指针弯曲，指针支架尾部碰在磁极上，指针装置被外部导线阻碍等。判断时，可将表头由水平放置改为30°左右放置，透光观察指针与刻度盘之间的间隙，当间隙不当时，应予以调整。

（4）灵敏度下降。故障原因分析：

1）游丝性能不良。其检查方法是：旋动表头机械调零，看其在旋转360°时，指针是否在零位刻度线左右均匀摆动。若打顿或指针摆动迟缓，说明灵敏度下降，可能是由于游丝造成的，这时可检查游丝。

2）动圈局部短路也将使灵敏度下降，此时应更换动圈。

3）表头磁钢磁性衰减。一般使用中，不慎将仪表接近过强磁场且时间较长，拆时不慎将磁路开路，都会使表头灵敏度变化。解决的方法是进行充磁和退磁。

二、基准点灵敏度的校验与故障分析

在表头校验正常后，将表头接入万用表电路，就可以进行基准点灵敏度的校验和故障分析。

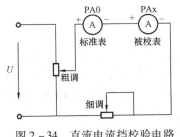

图2-34 直流电流挡校验电路

1. 基准点灵敏度的校验

一般以直流电压接出点作为校准电流表灵敏度的基准点。本实训万用表50μA挡为基准点，校验电路如图2-34所示。调节粗调和细调电位器，使标准表读数为被校表的满刻度值（本实训表为50μA）。微调与被校表表头串联的可调电阻RP2，并使

$$I_x = I_0$$

式中　I_x——被校表读数；

　　　I_0——标准表读数。

2. 基准点电路的常见故障分析

（1）被校表有指示，标准表无指示。故障原因分析：

1）保护表头的二极管 VD3、VD4 击穿短路。

2）滤波电容 C_1 短路。

3）与表头串联的可调电阻 RP2 开路。

4）二极管 VD6、VD7 击穿短路。

5）与表头并联的分流电路短路。

（2）被校表和标准表均无指示　故障原因分析：

1）表笔与插孔接触不良。

2）熔断器熔断。

3）转换开关接触不良。

4）电阻 R_{22} 开路。

（3）被校表指示值比标准表指示值大　故障原因分析：

1）与表头串联的可调电阻 RP2 短路，或阻值变小。

2）与表头并联的分流电路开路，如 RP1、R_{21} 开路。

（4）被校表指示值比标准表指示值小　故障原因分析：

1）与表头串联的可调电阻 RP2 阻值变大。

2）电解电容漏电增大。

3）与表头并联的分流电阻 RP1、R_{21} 阻值变小。

三、直流电流各量程挡的校验与故障分析

在基准点灵敏度调好以后，可对直流电流各量程挡进行调试和故障分析。

1. 直流电流各量程挡的校验

直流电流各量程挡的校验通常从最大量程挡开始，依次逐挡调试。校验电路同图 2 - 34，调节粗调和细调电位器，使指针自零位增至满刻度；再由满刻度降至零位。按标度尺的主要分度选取读数，每次调节要记录被校表与标准表的数值，并求出绝对误差（$\Delta = I_x - I_0$），再计算被校表的准确度等级，即

$$\pm K\% = \frac{\Delta_m}{I_m} \times 100\%$$

式中　I_m——被校表量程；

　　　Δ_m——最大绝对误差；

　　　K——被校表的准确度等级。

若被校表的准确度等级低于要求值（数值偏大）时，则应先校准满刻度值。首先调节图 2 - 29 中粗调和细调电位器，使标准表读数为被校表满刻度值，再调换相应量程挡的分流电阻值，使被校表也为满刻度值。然后再校验其他刻度值，有时也可采取统一补偿法，即在允许误差范围内，适当调整基本挡的电流值，使各挡都不超出允许误差。直流电压挡和交流电压挡的校验方法与其基本相同。

2. 测量直流电流电路的故障分析

（1）被校表无指示，标准表有指示。故障原因分析：

1）转换开关触点接触不良。

2）对应量程挡分流电阻（R_4、R_3、R_2、R_1 和 R_{29}）短路。

（2）被校表与标准表均无指示。故障原因分析：转换开关对应挡的触点接触不良形成开路。

（3）被校表指示值比标准表指示值大。故障原因分析：对应量程挡分流电阻（R_4、R_3、R_2、R_1 或 R_{29}）阻值变大。

（4）被校表指示值比标准表指示值小。故障原因分析：对应量程挡分流电阻（R_4、R_3、R_2、R_1 或 R_{29}）阻值变小。

（5）表针指示不稳定。故障原因分析：

1）转换开关接触点松动，时通时断或触点间有杂质。

2）表笔插口松动或表笔连接线似断非断。

3）分流电阻等虚焊。

四、直流电压各量程挡的校验与故障分析

1. 直流电压各量程挡的校验

直流电压挡的校验步骤通常从最小量程挡开始依次逐挡进行。其校验电路如图 2－35 所示，校验方法与直流电流挡的校验方法相同，准确度等级计算公式只需将电流 I 改为电压 U 即可。

2. 测量直流电压电路的故障分析

（1）被校表无指示，标准表指示正常。故障原因分析：

1）转换开关对应量程挡触点接触不良。

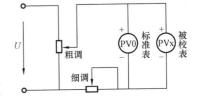

图 2－35 直流电压挡校验电路

2）对应量程挡分压电阻（R_5、R_6、R_7、R_8、R_9、R_{10}、R_{11}、R_{12}、R_{13} 或 R_{26}、R_{27}）开路（注意本万用表分压电路由两部分组成：50V 及以下各挡是由电阻 R_5、R_6、R_7 和 R_8 组成；250V 及以上各挡的分压电路是与测量交流电压电路共用的，是由电阻 R_9、R_{10}、R_{11}、R_{12}、R_{13} 以及 R_{26}、R_{27} 组成的）。

3）分流电阻 R_{28} 短路（250V 及以上各挡无指示）。

（2）小量程挡测量误差较大，随量程增大误差变小。故障原因分析：小量程挡分压电阻阻值变化。

（3）250V 以上量程误差大。故障原因分析：

1）转换开关绝缘不好。

2）高压分压电阻绝缘不良，变质或表面不清洁。

3）分流电阻 R_{28} 品质不良。

（4）某量程挡测量误差大。故障原因分析：对应该量程挡分压电阻不良。

五、交流电压各量程挡的校验与故障分析

1. 交流电压各量程挡的校验

交流电压各量程挡的校验方法与步骤同直流电压挡的校验，其校验电路如图 2－36

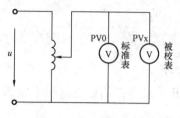

图 2-36 交流电压挡
校验电路

所示。

2. 测量交流电压电路的故障分析

由于直流电压挡已校验好，交流电压挡的分压电阻又是与直流电压挡共用的。所以交流电压挡的故障范围就大大缩小了，其故障只能出现在与交流电压挡有关的整流元件和转换开关上。

（1）被校表无指示，标准表正常。故障原因分析：

1）转换开关接触不良。

2）二极管 VD1 开路或二极管 VD2 短路。

（2）各量程挡指示值偏低。故障原因分析：二极管 VD1、VD2 特性变差。

（3）指针轻微摆动或指示值很小。故障原因分析：二极管 VD1 短路。

六、电阻各量程挡的校验与故障分析

1. 电阻各量程挡的校验

先调节电气调零电位器，看各电阻挡是否都能调到零位。然后用接近中心阻值的标准电阻来校验各挡，若某挡不准，则可调换该挡的分流电阻。电阻挡校验电路如图 2-37 所示。

2. 测量电阻电路的故障分析

电阻挡有内附电源，通常万用表内部电路通断情况的初检就在电阻挡进行。测量电阻电路的故障分析，应在电流量程挡完好的基础上进行。

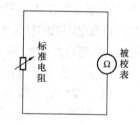

图 2-37 电阻挡校验电路

（1）全部量程不工作。故障原因分析：

1）电池无电压输出或短路。

2）转换开关接触不良。

3）调零电位器 RP1 中心焊点引线断路。

4）限流电阻 R_{14} 开路。

5）二极管 VD5 或压敏电阻 RV 短路。

（2）全部量程挡调不到零位。故障原因分析：

1）电池电压不足。

2）限流电阻 R_{14} 阻值变大。

3）转换开关接触电阻增大。

4）调零电位器不良。

（3）某量程挡调不到零。故障原因分析：

1）电池电压不足（低量程挡调不到零）。

2）该量程挡分流电阻（R_{15}、R_{16}、R_{17}、R_{18}）阻值变小。

（4）某量程挡测量误差较大。故障原因分析：该量程挡分流电阻变质或烧坏。

（5）各量程挡误差都较大。故障原因分析：

1）各量程挡分流电阻均变质或烧坏。

2）限流电阻变质或烧坏。

（6）电气调零时指针跳动。故障原因分析：调零电位器 RP1 接触不良。

七、万用表使用注意事项

万用表的种类繁多，结构形式多种多样，面板上的旋钮、开关的布局也各有差异。因此，在使用万用表之前，首先应仔细阅读该表的技术说明书，了解它的技术性能，熟悉各部件的作用，分清面板上各条标度尺所对应测量的量，并了解万用表的使用条件，为正确使用万用表打下一个良好的基础。

一般地说，使用万用表时，必须注意以下几点：

1. 插孔（或接线柱）的选择

在进行测量之前，首先应检查表笔应插在什么位置上。红表笔应插到标有"＋"符号的插孔内，黑表笔应插到标有"－"或"＊"符号的插孔内。有些万用表针对特殊量设有专用插孔（如 MF47 型万用表面板上设有"5 <u>A</u>"和"2500 <u>V</u>"两个专用插孔），在测量这些特殊量时，应把红表笔改插到相应的专用插孔内，而黑表笔的位置不变。

2. 测量挡位的选择

使用万用表时，应根据测量的对象，将转换开关旋至相应的位置上。例如，当测量交流电压时，应把转换开关旋至标有"<u>V</u>"的范围内。有的万用表面板上设有两个转换开关旋钮，当进行电阻测量时，先把左边的旋钮旋到"Ω"位置，然后再把右边的旋钮旋到适当的量程（倍率）位置上。在进行挡位的选择时应特别细心，稍有不慎，就有可能损坏仪表。特别是测量电压时，如果误选了电流挡或电阻挡，将会使表头和测量电路遭受严重的损伤。

3. 量程的选择

用万用表测量交直流电流或电压时，其量程选择的要求与电流表或电压表的量程选择相同，即尽量使指针在满刻度值 2/3 以上区域，以保证测量结果的准确度。用万用表测量电阻时，则应尽量使指针在中心刻度值的（1/10 ~ 10）倍之间。如果测量前无法估计出被测量的大致范围，则应先把转换开关旋至量程最大的位置进行粗测，然后再选择适当的量程进行精确测量。

4. 正确读数

万用表的表盘上有几条标度尺，它们分别适用于不同的测量种类。测量时应在对应的标度尺中读取数据，同时应注意标度尺读数和量程挡的配合。另外，读数时应尽量使视线与表头垂直；对装有反射镜的万用表，应使镜中指针的像与指针重合后，再进行读数。

5. 欧姆挡的使用

（1）每一次测量电阻，都必须调零。即将两支表笔短接，旋动"电气调零旋钮"，使指针指示在"Ω"标度尺的"0"刻度线上。特别是改变了欧姆倍率挡后，必须重新进行调零，这是保证测量准确度必不可少的步骤。当调零无法使指针达到欧姆零位时，则说明电池的电压太低，应更换新电池。

（2）测量电阻时，被测电路不允许带电。否则，不仅是测量结果不准确，而且很有可能损坏表头。

（3）被测电阻不能有并联支路，否则其测量结果是被测电阻与并联支路电阻并联后的等效电阻，而不是被测电阻的阻值。由于这一原因，测量电阻时，不能用手去接触被测电阻的两端，避免因人体电阻而造成不必要的测量误差。

（4）用万用表欧姆挡测量小功率晶体管的参数时，要注意一般不能用 $R \times 1$ 或 $R \times 10\mathrm{k}$

挡。因为 $R\times1$ 挡综合内阻很小，测量时电流较大。而 $R\times10k$ 挡，表内电源电压较高，这两种情况下都有可能损坏晶体管。另外，要注意万用表的红表笔是与表内电池的负极相连接的，而黑表笔是与表内电池的正极相连接的。

（5）万用表欧姆挡不能直接测量微安表头、检流计、标准电池等仪器仪表的内阻，在使用的间歇中，不要让两根表笔短接，以免浪费电池。

6. 注意操作安全

在万用表的使用过程中，必须十分重视人身和仪表的安全。一般地说，要注意以下几点：

（1）决不允许用手接触表笔的金属部分，否则会发生触电或影响测量准确度。

（2）不允许带电转动转换开关，尤其是当测量高电压和大电流时。否则在转换开关的动触点和静触点分离的瞬间产生电弧，使动触点和静触点氧化，甚至烧毁。

（3）测量含有交流分量的直流电压时，要充分考虑转换开关的最高耐压值，否则会因为电压幅度过大而使转换开关中的绝缘材料被击穿。

（4）万用表使用完毕后，一般应该把转换开关旋至交流电压的最大量程挡，或旋至"OFF"挡。

7. 万用表的保管

（1）万用表应经常保持清洁干燥，避免振动或潮湿。

（2）万用表长期不用时，要把电池取出，以防日久电池变质渗液，损坏万用表。

第五节　数字万用表简介

数字万用表属于新型、通用的数字仪表，又称数字多用表。它是大规模集成电路、数字显示技术乃至计算机技术的结晶。数字万用表与模拟万用表的测量过程和指示方式完全不同。模拟万用表是先通过一定的测量电路将被测的模拟电量转换成电流信号，再由电流信号去驱动磁电系测量机构使表头指针偏转，通过表盘上标度尺的读数指示出被测量的大小，如图2-38所示；数字万用表是先由模/数转换器（A/D转换器）将被测模拟量变换成数字量，然后通过电子计数器的计数，最后把测量结果用数字直接显示在显示器上，如图2-39所示。显然，这两种万用表存在着较大的差异，主要表现在以下几方面。

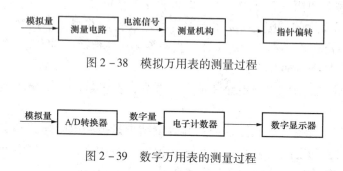

图2-38　模拟万用表的测量过程

图2-39　数字万用表的测量过程

（1）模拟万用表的主要部件是指针式电流表，测量结果为指针式显示；数字万用表主要应用了数字集成电路等器件，测量结果为数字显示。

（2）数字万用表的测量精度比模拟万用表高。

（3）与模拟万用表的内阻相比，数字万用表的内阻高得多，所以在进行电压测量时，后者更接近理想的测量条件。

（4）模拟万用表电阻阻值的刻度，从左到右的刻度线密度逐渐变疏，即刻度是非线性的；相对而言，数字万用表的显示则是线性的。

（5）在进行直流电压或电流测量时，模拟万用表如果正、负极接反，指针的偏转方向也相反；而数字万用表能自动判别并且显示出极性的正或负。

（6）模拟万用表是根据指针和刻度来读数，会因各人的读数习惯不同而产生人为误差；数字万用表是数字显示，因此没有这类人为误差。

（7）模拟万用表能判断出被测量增加或减小的趋势；数字万用表的读数时间短，测量速度快。现代的电子仪器常把模拟和数字这两种仪表的特点结合起来，例如飞机上的航空仪表就是这种结合的典型，飞行员需要观察某一个量的变化趋势时，看模拟仪表指针的偏转方向，而需要精确数值时，则通过数字仪表读取。

一、数字万用表的基本组成

如前所述，模拟万用表是用磁电系测量机构来指示被测量的数值，其指针偏转角的大小与流过该测量机构的直流电流成正比。所以不管测量什么量，都要求将被测量转换成大小适当的直流电流通过表头。这一工作在万用表中是由测量电路来完成的。

数字万用表则不同，它是由功能选择开关把各种被测量分别通过相应的功能变换，变换成直流电压，并按照规定的线路送到量程选择开关，然后将相应的直流电压送到 A/D 转换器，由 A/D 转换器将直流电压转换成数字信号，再经数字电路处理后通过液晶（LCD）显示器显示出被测量的数值。

图 2-40 所示是普通数字万用表的基本组成框图。

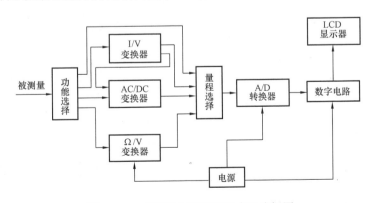

图 2-40 普通数字万用表基本组成框图

从图中可以看出，整个数字万用表由四个基本部分组成。

（1）模拟电路。它包括功能选择电路，各种变换器电路，量程选择电路。

（2）A/D 转换器。

（3）数字电路。

（4）显示器电路。

其中 A/D 转换器是数字万用表的核心部分，上述部分大都是集成电路（IC）。如用于 $3\frac{1}{2}$ 位仪表中的 ICL7106 集成电路，它包括了 A/D 转换器和数字电路两大部分。如今有许多不同型号的、用于数字万用表的专用集成电路产品，它们可以用来制成各种各样的数字万用表。

二、数字万用表的主要技术性能

数字万用表是一种先进的测量仪表，它能对多种电量进行直接测量并把测量结果用数字方式显示。与模拟万用表相比，其各种性能指标均有大幅度提高。

表 2-11 为 DT830 型和 DT890A 型数字万用表的主要技术性能。

表 2-11　　　　　　　　DT830 型和 DT890A 型数字万用表的主要技术性能

参　　数	DT830 型		DT890A 型	
	量程	分辨率	量程	分辨率
直流电压	200mV	0.1mV	200mV	0.1mV
	2V	1mV	2V	1mV
	20V	10mV	20V	10mV
	200V	100mV	200V	100mV
	1000V	1V	1000V	1V
	输入阻抗为 10MΩ		输入阻抗为 10MΩ	
交流电压	200mV	0.1mV	200mV	100μV
	2V	1mV	2V	1mV
	20V	10mV	20V	10mV
	200V	100mV	200V	100mV
	750V	1V	700V	1V
	输入阻抗为 10MΩ		输入阻抗为 10MΩ	
直流与交流电流	200μA	0.1μA	200μA（直流）	0.1μA
	2mA	1μA	2mA	1μA
	20mA	10μA	20mA	10μA
	200mA	100μA	200mA	100μA
	10A	10mA	10A	10mA
	超载保护为 0.5A/250V 熔丝		超载保护为 0.5A/250V 熔丝	
电阻	200Ω	0.1Ω	200Ω	0.1Ω
	2kΩ	1Ω	2kΩ	1Ω
	20kΩ	10Ω	20kΩ	10Ω
	200kΩ	100Ω	200kΩ	100Ω
	2MΩ	1kΩ	2MΩ	1kΩ
	20MΩ	10kΩ	20MΩ	10kΩ

参　数	DT830 型		DT890A 型	
	量程	分辨率	量程	分辨率
电容			2000pF	1pF
			20nF	10pF
			200nF	100pF
			2μF	1nF
			20μF	10nF
h_{FE}	0～1000，测试条件 $U_{CE}=2.8V$　$I_B=10\mu A$		0～1000，测试条件 $U_{CE}=2.8V$　$I_B=10\mu A$	
线路通断检查	被测电路电阻<20Ω±10Ω时，蜂鸣器发声		被测电路电阻<30Ω时，蜂鸣器发声	
显示方式	液晶LCD显示，最大显示1999		液晶LCD显示，最大显示1999	

三、数字万用表的正确使用

数字万用表由于应用了大规模集成电路，使得操作变得更简便，读数更精确，而且还具备了较完善的过电压、过电流等保护功能。下面以 DT830 型数字万用表为例，介绍正确使用数字万用表的方法。

1. DT830 型数字万用表的面板

DT830 型数字万用表的面板布置如图 2-41 所示。各部分的作用如下。

（1）电源开关。

（2）显示屏（LCD）。最大显示 1999 或 -1999，有自动调零及极性自动显示功能。

（3）h_{FE} 插口。测试晶体三极管的专用插口，测试时，将三极管的三个管脚插入对应的 E、B、C 孔内即可。

（4）输入插口。共有"10A"、"mA"、"COM"、"V·Ω"四个孔。注意，黑表笔始终插在"COM"孔内；红表笔则根据具体测量对象插入不同的孔内。面板下方还有"10AMAX"或"MAX200mA"和"MAX750V～、1000V⋯"标记，前者表示在对应的插孔内所测量的电流值不能超过10A 或 200mA；后者表示测交流电压不能超过 750V，测直流电压不能超过 1000V。

（5）量程转换开关。开关周围用不同的颜色和分界线标出各种不同测量种类和量程。

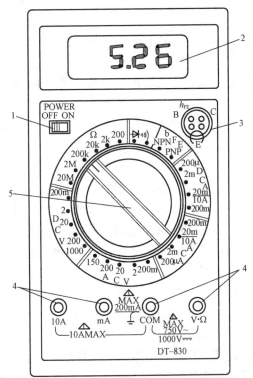

图 2-41　DT830 型数字万用表面板

1—电源开关；2—显示屏；3—h_{FE}插口；

4—输入插口；5—量程转换开关

2. DT830 型数字万用表的基本使用方法

（1）电压测量。将红表笔插入"V·Ω"孔内，根据直流或交流电压合理选择量程；再把 DT830 型数字万用表与被测电路并联，即可进行测量。注意，不同的量程，测量精度也不同。例如，测量一节 1.5V 的干电池，分别用"2V"、"20V"、"200V"、"1000V"挡测量，其测量值分别为 1.552V、1.55V、1.6V、2V。所以不能用高量程挡去测小电压。

（2）电流测量。将红表笔插入"mA"或"10A"插孔（根据测量值的大小），合理选择量程，把 DT830 型数字万用表串联接入被测电路，即可进行测量。

（3）电阻测量。将红表笔插入"V·Ω"孔内，合理选择量程，即可进行测量。

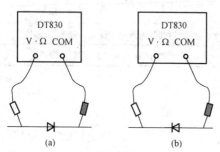

图 2-42　二极管的测量

（a）正向测量；（b）反向测量

（4）二极管的测量。将红表笔插入"V·Ω"孔内，量程开关转至标有二极管符号的位置，再把二根表笔按图 2-42 所示的方法连接二极管的两端。其中图 2-42（a）为正向测量，若管子正常，则电压值为 0.5～0.8V（硅管）或 0.25～0.3V（锗管）；图 2-42（b）是反向测量，若管子正常，则显示出"1"，若损坏，将显示"000"。

（5）h_{FE} 值测量。根据被测管的类型（PNP 或 NPN）的不同，把量程开关转至"PNP"或"NPN"处，再把被测管的三个脚插入相应的 E、B、C 孔内，此时，显示屏将显示出 h_{FE} 值的大小。

（6）电路通、断的检查。将红表笔插入"V·Ω"孔内，量程开关转至标有"·)))"符号处，让表笔触及被测电路，若表内蜂鸣器发出叫声，则说明电路是通的，反之，则不通。

3. 使用注意事项

（1）仪表的使用或存放应避免高温（>40℃）、寒冷（<0℃）、阳光直射、高湿度及强烈振动环境。

（2）数字万用表在刚测量时，显示屏上的数值会有跳数现象，这是正常的，应当待显示数值稳定后（1～2s）才能读数，切勿用最初跳数变化中的某一数值，当作测量值读取。另外，被测元器件的引脚因日久氧化或有锈污，造成被测元件和表笔之间接触不良，显示屏会出现长时间的跳数现象，无法读取正确测量值。这时应先清除氧化层和锈污，使表笔接触良好后再测量。

（3）测量时，如果显示屏上只有"半位"上的读数 1，则表示被测数超出所在量程范围（二极管测量除外），称为溢出。这时说明量程选得太小，可换高一挡量程再测试。

（4）数字万用表的功能多，量程挡位也多。这样相邻两个挡位之间的距离便很小。因此转换量程开关时动作要慢，用力不要过猛。在开关转换到位后，再轻轻地左右拨动一下，看看是否真的到位，以确保量程开关接触良好。

（5）严禁在测量的同时旋动量程开关，特别是在测量高电压、大电流的情况下。以防产生电弧烧坏量程开关。

（6）交流电压挡只能直接测量低频（小于 500Hz）正弦波信号。

(7) 测量晶体管 h_{FE} 值时，由于工作电压仅为 2.8V，且未考虑 U_{be} 的影响，因此，测量值偏高，只能是一个近似值。

(8) 大部分数字万用表测试一些连续变化电量的过程，如观察电容器的充放电过程，不如模拟式万用表方便直观。这时可采用数字表和模拟表结合使用，或者选用 $3\frac{1}{2}$ 位自动量程数字/模拟条图双显示万用表，如 DT960 型或 DT960T 型，它们具有数字、模拟双重显示功能。

(9) 测 10Ω 以下精密小电阻时（200Ω 挡），先将两表笔金属短接，测出表笔电阻（约 0.2Ω），然后在测量中减去这一数值。

(10) 在使用各电阻挡、二极管挡、通断挡时，红表笔接 "$V \cdot \Omega$" 插孔（带正电），黑表笔接 "COM" 插孔。这与模拟式万用表在各电阻挡时的表笔带电极性恰好相反，使用时应特别注意。

(11) 尽管数字万用表内有比较完善的各种保护电路，使用时仍应避免误操作，如不能用电阻挡去测 220V 交流电压等。以免带来不必要的损失。

(12) 测量完毕，应关闭电源。如长期不用，应取出电池，以免因电池变质损坏仪表。

4. 应用实例

(1) 用 DT830 型数字万用表作感应测电器。将量程开关置于交流 200mV 挡，红表笔插入 "$V \cdot \Omega$" 孔内（"COM" 孔内不能插表笔），手持红表笔进行如下测量。

1) 确定市电布线的走向及是否带电，手持表笔离墙 10cm 左右进行移动，若有市电，显示屏上读数就会迅速增值；否则，无增值。

2) 相线（火线）的确定：此时应把挡位转至交流 2V 或 20V（降低灵敏度），手持表笔依次接触两个电线端，若有一端显示屏读数迅速增值，则表明这端就是相线端。

(2) 判别发光二极管的好坏。发光二极管 LED 有单色、双色、变色三种类型。其正向压降一般为 $1.5 \sim 2.3$V，工作电流为 $5 \sim 20$mA，因此，用普通的模拟万用表不能使其发光。用数字万用表检查发光二极管的方法如下：

1) 对于单色 LED 的检查。首先把被测管按照图 2-43 所示的方法插入 DT830 型数字万用表的 "h_{FE}" 孔，再把量程开关转至 PNP 挡。若此时 LED 发光，表明该管正常；若不发光，可交换被测管的正负极重测一次，假如两次均不发光，LED 内部开路。

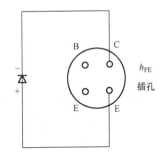

图 2-43 单色 LED 的检查

2) 对于变色 LED 的检查。DT830 型数字万用表仍放在 PNP 挡，并按图 2-44 所示的方法把被测管插入 "h_{FE}" 孔。即把 LED 的 C 极固定插在 C 孔内，依次将 LED 的 R、G 极插入 E 孔，正常的话，应发出红光和绿光；如同时把 R、G 极插入 E 孔，则应发出复合的橙色光。至于双色 LED 的检查，也与以上的方法类似。

(3) 判别数码管的好坏。图 2-45 是 HDR-2 型数码管的管脚与内部结构。检查时，首先将 DT830 型数字万用表的量程开关置于 NPN 挡，此时 C 孔带正电，E 孔带负电。从 E 孔引出一根导线连接数码管的 "-" 极（3 脚或 8 脚），再从 C 孔引出一导线依次碰触笔段的引出脚，若数码管正常，则相应的笔段应发光。

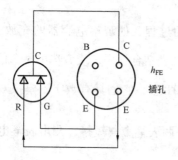

图 2-44　变色 LED 的检查

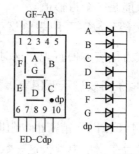

图 2-45　HDR-2 型数码管的结构

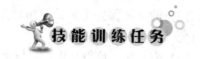

万用表的装配与调试

训练目的

（1）了解万用表的组成结构。

（2）熟悉万用表的电路原理。

（3）加强对整体设备的识图能力。

（4）掌握色环电阻的辨认方法。

（5）掌握电子器件的焊接技术及安装工艺。

（6）掌握电工仪表的一般校验方法。

（7）学会万用表的故障分析。

工具、设备和器材

（1）旋具（一字形和十字形各一把）、尖嘴钳、镊子、小刮刀、剪刀、电烙铁（30W 左右）。

（2）万用表、单相交流调压器、直流稳压电源、标准（高于被校表 2 个准确度等级）直流电流表、标准直流电压表、标准交流电压表、标准电阻器。

（3）实训万用表散件一套（见第三节器材清单）。

（4）焊锡、松香若干。

训练步骤与要求

1. 读图

读通实训万用表原理电路（见图 2-29），并与安装图（见图 2-30）进行对照。

2. 元器件的辨认与清点

参照本实训项目第三节元器件清单进行。

3. 元器件的检查

参照本实训项目第三节进行。

4. 万用表装配

首先进行面板装配；第二步在印制电路板上焊接元器件；第三步进行整机装配，具体过程参照本实训项目第三节进行。

5. 万用表的校验与维修

参照本实训项目第四节进行。

项目三

室内照明线路的安装、运行及维修

基本知识

> 随着现代化建设事业的高速发展，各类现代化商业和住宅楼大量兴建，因此，电气照明线路的安装及维修的任务也越来越大。电气类专业的学生掌握电气照明线路的安装和维修的基本功，对其就业和创业是十分必要的。
>
> 电工仪表在电气线路、用电设备的安装、使用与维修过程中起着重要的作用。电工测量仪表种类较多，本节着重介绍室内配电线路和电工维修中常用的几种测量仪表（万用表的构造和使用已在前面中作了介绍，本节不再重复）。

第一节　常用电工工具及仪表简介

常用电工工具是指一般专业电工都必须使用的工具。电工工具质量的好坏、使用方法是否得当，都将直接影响电气工程的施工质量及工作效率，直接影响施工人员的安全。因此，对于电气操作人员，必须了解电工常用工具的结构和性能，掌握正确的使用方法。

一、验电器

1. 低压验电器

低压验电器又称测电笔，是检验导线、电器和电气设备是否带电的一般常用工具，检测范围为 60～500V，有钢笔式、旋具式。

低压验电器由工作触头、降压电阻、氖泡、弹簧等部件组成，如图 3 - 1 所示。

使用低压验电器时，必须按照图 3 - 2 所示的方法把笔握妥。注意手指必须接触笔尾的金属体（钢笔式）或测电笔顶部的金属螺钉（旋具式），这时，电流经带电体、测电笔、人体到大地形成通电回路，只要带电体与大地之间的电位差超过 60V 时，测电笔中的氖泡就发光。

低压验电器使用注意事项如下。

（1）使用前，先要在有电的电源上检查电笔能否正常发光。

（2）在明亮的光线下测试时，往往不容易看清氖泡的辉光，应当避光检测。

（3）电笔的金属探头多制成旋具形状，它只能承受很小的扭矩，使用时应注意，以防损坏。

（4）低压验电器可用来区分相线和零线，氖泡发亮的是相线，不亮的是零线。

（5）低压验电器可用来判断电压的高低，如果氖泡发暗红，轻微亮，则电压低；如果氖泡发黄红色，很亮，则电压高。

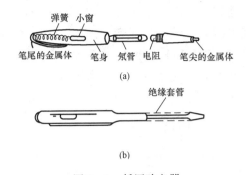

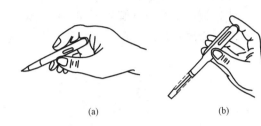

图 3 - 1 低压验电器

（a）钢笔式低压验电器；（b）旋具式低压验电器

图 3 - 2 低压验电器的握法

（a）钢笔式握法；（b）旋具式握法

（6）低压验电器可用来识别相线接地故障。在三相四线制电路中，发生单相接地后，用电笔测试零线，氖泡会发亮。在三相三线制星形连接的线路中，用电笔测试三根相线，如果两相很亮，另一相不亮，则这相可能有接地故障。

2. 高压验电器

高压验电器又称为高压测电器。主要类型有发光型高压验电器、声光型高压验电器和风车式高压验电器。发光型高压验电器由握柄、护环、固紧螺钉、氖管和金属钩等组成，如图 3 - 3 所示。

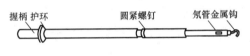

图 3 - 3 10kV 高压验电器

高压验电器使用注意事项如下。

（1）使用高压验电器时，必须注意其额定电压和被检验电气设备的电压等级相适应，否则可能会危及验电操作人员的人身安全或造成错误判断。

（2）验电时，操作人员应戴绝缘手套，穿绝缘胶靴，手握在护环以下的握柄部分，身旁应有人监护。先在有电设备上进行检验，检验时，应渐渐移近带电设备至发光或发声止，以验证验电器的性能完好。然后再在验电设备上检测，在验电器渐渐向设备移近过程中，突然有发光或发声指示，即应停止验电。高压验电器验电时的握法如图 3 - 4 所示。

（3）在室外使用高压验电器时，必须在气候良好的情况下进行，以确保验电人员的人身安全。

（4）测电时，人体与带电体应保持足够的安全距离，10kV 以下的电压安全距离应为 0.7m 以上。

图 3 - 4 高压验电器

二、钢丝钳

钢丝钳是电工应用最频繁的工具。电工用钢丝钳柄部加有耐压 500V 的塑料绝缘套。常用的规格有 150mm、175mm、200mm 三种。

电工钢丝钳由钳头和钳柄两部分组成。钳头由钳口、齿口、刀口和铡口四部分组成。其结构和用途如图 3-5 所示，其中钳口可用来绞绕电线的自缠连接或弯曲芯线、钳夹线头；齿口可代替扳手来拧小型螺母；刀口可用来剪切电线、掀拔铁钉，也可用来剥离 4mm² 及以下导线的绝缘层；铡口可用来铡切钢丝等硬金属丝。

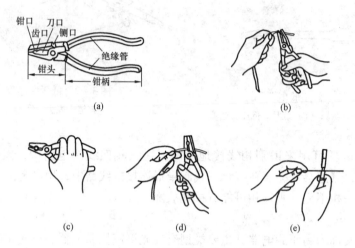

图 3-5 电工钢丝钳的构造及用途
（a）构造；（b）弯绞导线；（c）紧固螺母；（d）剪切导线；（e）铡切钢丝

电工钢丝钳的使用注意事项如下。

（1）使用电工钢丝钳以前，必须检查绝缘柄的绝缘是否完好。如果绝缘损坏，不得带电操作，以免发生触电事故。

（2）使用电工钢丝钳，要使钳口朝内侧，便于控制钳切部位。钳头不可代替手锤作为敲打工具使用。钳头的轴销上，应经常加机油润滑。

（3）用电工钢丝钳剪切带电导线时，不得用刀口同时剪切相线和零线，或同时剪切两根相线，以免发生短路故障。

三、夹嘴钳

夹嘴钳的头部尖，又称为尖嘴钳，适用于狭小的工作空间操作。尖嘴钳的绝缘柄耐压为 500V，其外形如图 3-6 所示。主要用于剪断细小的导线、金属丝，夹持较小螺钉、垫圈、导线等，并可将导线端头按需要弯曲成型。其规格以全长表示，有 130mm、160mm、180mm、200mm 四种。

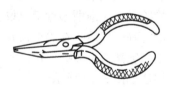

图 3-6 夹嘴钳

四、旋具

旋具又称为改锥、起子或旋凿，有平口（或叫平头）和十字口（或叫十字头）两种，如图 3-7 所示，以配合不同槽型的螺钉使用。常用的旋具规格有 50mm、100mm、150mm、200mm 等。

旋具的使用注意事项如下。

（1）为了避免旋具的金属杆触及皮肤或邻近带电体，应在金属杆上套绝缘管。

图 3 - 7 旋具

（a）平口旋具；（b）十字口旋具

（2）旋具头部厚度与螺钉尾部槽形相配合，斜度不宜太大，头部不应该有倒角，否则容易打滑。

（3）旋具在使用时应使头部顶牢螺钉槽口，防止打滑而损坏槽口。同时注意，不用小旋具去拧旋大螺钉。否则，一是不容易旋紧；二是螺钉尾槽容易拧豁；三是旋具头部易受损。反之，如果用大旋具拧旋小螺钉，也容易造成因力矩过大而导致小螺钉滑丝现象。旋具的握法姿势如图 3 - 8 所示。

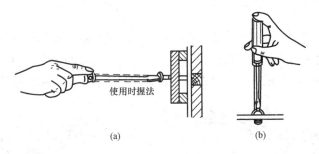

图 3 - 8 旋具的握法姿势

（a）大螺钉的用法；（b）小螺钉的用法

五、电工刀

图 3 - 9 为电工刀，是用来剖削和切割电工器材的常用工具。使用时，刀口应朝外剖削；用毕，随即把刀身折进刀柄。电工刀刀柄结构是不绝缘的，不能在带电导线或器材上剖削，以防触电。

图 3 - 9 电工刀

六、活络扳手

活络扳手又称为活络扳头，简称扳头。其结构如图 3 - 10 （a）所示，它的头部由定扳唇、动扳唇、蜗轮和轴销等构成。旋动蜗轮用来调节扳口的大小。常用的活络扳手规格有 150mm、200mm、250mm 和 300mm 等，使用时可按螺母大小选用适当规格。

扳拧较大螺母时，需较大力矩，手应握在近柄尾处，如图 3 - 10 （b）所示；扳拧较小螺母时，需用力矩不大，但螺母过小容易打滑，宜照图 3 - 10 （c）所示的方法握把，这样可随时调节蜗轮，收紧扳唇防止打滑。

活扳头不可反用，即动扳唇不可作为重力点使用，也不可用钢管接长柄部施加较大力矩。

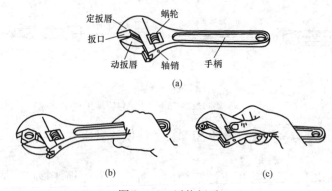

图 3 - 10　活络扳手

（a）活络扳手构造；（b）扳较大螺母时握法；（c）扳较小螺母时握法

七、剥线钳

图 3 - 11 为剥线钳，它用来剥削 $6mm^2$ 以下的塑料或橡胶电线的绝缘层，由钳头和手柄两部分组成。钳头部分由压线口和切口构成；有直径 $0.5 \sim 3mm$ 的多个切口，以适用于不同规格的芯线。使用时，电线必须放在大于其芯线直径的切口上切削，否则会损坏芯线。

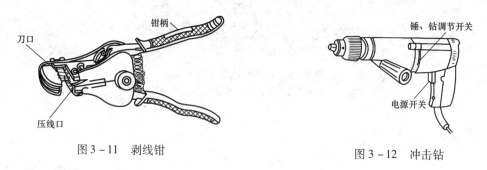

图 3 - 11　剥线钳

图 3 - 12　冲击钻

八、冲击钻

冲击钻常用在配电板（盘）、建筑物或其他金属材料、非金属材料上钻孔，如图 3 - 12 所示。它的用法是，把调节开关置于"钻"的位置，钻头只旋转而没有前后的冲击动作，可作为普通电钻使用。若调到"锤"的位置，通电后边旋转边前后冲击，便于在钻削混凝土或砖结构建筑物上的孔。有的冲击钻调节开关上没有标明"钻"或"锤"的位置，可在使用前让其空转观察，无冲击动作是在"钻"的位置，有冲击动作则是在"锤"的位置。也有的冲击钻没有装调节开关，通电后只有边旋转边冲击一种动作。在钻孔时，应经常把钻头从钻孔中拔出，以便排除钻屑。钻较坚硬的工件或墙体时，不能加压力过大，否则将使钻头退火或电钻过载而损坏。作为电工用冲击钻时，可钻 $6 \sim 16mm$ 圆孔。作为普通钻时，用麻花钻头；作为冲击钻时，用专用冲击钻头。

九、钳形电流表

1. 钳形电流表的结构和用途

通常在测量电流时需要将被测电路断开，才能将电流表或电流互感器的一次线圈接到被测电路中。而利用钳形电流表则无需断开被测电路，就可以测量被测电流。由于钳形电流表的这一独特的优点，故而得到了广泛的应用。钳形电流表是根据电流互感器的原理制成的，其结构外形如图 3-13（a）所示，原理图如图 3-13（b）所示。

2. 钳形电流表的使用方法

使用时，将量程开关转到合适位置，手持胶木手柄，用食指勾紧铁心开关，便可打开铁心，将被测导线从铁心缺口引入到铁心中央。然后，放松勾紧铁心开关的食指，铁心被自动闭合，被测导线的电流就在铁心中产生交变磁场，表上便有感应电流，可以直接读数。

3. 钳形电流表的选用和注意事项

（1）钳形电流表不得测高压线路的电流，被测线路的电压不得超过钳形电流表所规定的额定电压，以防绝缘击穿和人身触电。

（2）测量前应估计被测电流的大小，选择适当量程，不可用小量程挡去测大电流。

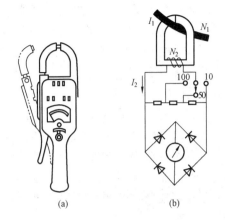

图 3-13 钳形电流表

（a）钳形电流表外形图；（b）钳形电流表原理图

（3）每次测量只能钳入一根导线；测量时，应将被测导线钳入钳口中央位置，以提高测量的准确度；测量结束后，应将量程开关扳到最大量程位置，以便下次安全使用。

十、绝缘电阻表

1. 绝缘电阻表的结构和用途

绝缘电阻表也称兆欧表，俗称摇表，其外形如图 3-14 所示，它是用来测量大电阻和绝缘电阻的。

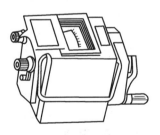

图 3-14 绝缘电阻表外形

2. 绝缘电阻表的选用

测量额定电压在 500V 以下的设备或线路的绝缘电阻时，可选用 500V 或 1000V 的绝缘电阻表；测量额定电压在 500V 以上的设备或线路的绝缘电阻时，应选用 1000～2500V 的绝缘电阻表。

3. 绝缘电阻表的接线和测量方法

绝缘电阻表有三个接线柱，其中两个较大的接线柱上分别标有"接地"E 和"线路"L，另一个较小的接线柱上标有"保护环"或"屏蔽 G"。

（1）测量照明或电力线路对地的绝缘电阻。按图 3-15（a）把线接好，顺时针摇摇把，转速由慢变快，约 1min 后，发电机转速稳定时（120r/min），表针也稳定下来，这时表针指示的数值就是所测得的绝缘电阻。

（2）测量电机的绝缘电阻。将绝缘电阻表的接地柱 E 接机壳，L 接电机的绕组，如图 3-15（b）所示，然后进行摇测。

（3）测量电缆的绝缘电阻。测量电缆的线芯和外壳的绝缘电阻时，除将外壳接 E，线芯接 L 外，中间的绝缘层还需和 G 相接，如图 3-15（c）所示。

4. 使用绝缘电阻表的注意事项

（1）测量电器设备绝缘电阻时，必须先断电，经放电后才能测量。

（2）测量时绝缘电阻表应放在水平位置上，未接线前先转动绝缘电阻表做开路试验，指针是否指在"∞"处，再把 L 和 E 短接，轻摇发电机，看指针是否为"0"，若开路指"∞"，短路指"0"，则说明绝缘电阻表是好的。

（3）绝缘电阻表接线柱的引线应采用绝缘良好的多股软线，同时各软线不能绞在一起。

（4）绝缘电阻表测完后应立即使被测物放电，在绝缘电阻表摇把未停止转动和被测物未放电前，不可用手去触及被测物的测量部分或进行拆除导线，以防触电。

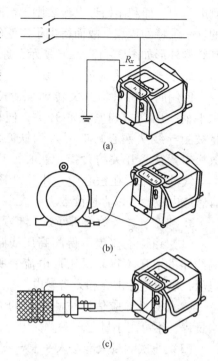

图 3-15　绝缘电阻表的接线图
（a）测量线路的绝缘电阻；
（b）测量电机的绝缘电阻；
（c）测量电缆的绝缘电阻

十一、电能表

电能表是一种专门测量电能的仪表，不论是家庭照明用电或工农业生产用电，都需要用电能表来计量在一段时间里所耗用的电能。电能表分为单相和三相两种，单相电能表用于单相用电器和照明电路，三相电能表又分为有功电能表和无功电能表。三相电能表用于三相动力电路或其他三相电路；三相有功电能表又分为三相三线有功电能表和三相四线有功电能表。下面主要介绍单相有功电能表和三相有功电能表。

1. 感应系电能表的基本构造

目前，我们所用的电能表绝大多数属于感应系电能表。图 3-16 为单相感应系电能表的结构原理示意图。

2. 单相电能表的选用

选用电能表应注意以下三点。

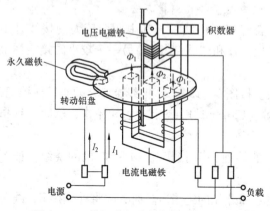

图 3-16　单相感应系电能表的结构原理图

（1）选型。目前应选用换代的新产品，如 DD861、DD862、DD862a 型，这种新产品具有寿命长、性能稳定、过载能力大、损耗低等优点。因此，选型时，应优先选用 86 系列单相电能表。

（2）电压。电能表的额定电压必须符合电压的规格。例如，照明电路的电压为 220V，电能表的额定电压也必须是 220V。

（3）电流。电能表的额定电流必须与负载的总功率相适应。在电压一定（220V）的情况下，根据公式

$$P = IU$$

可以计算出对于不同安培数的单相电能表，可装用电器的最大总功率（见表 3 - 1）。

表 3 - 1   **不同规格的单相电能表可装电器最大功率**   （W）

单相电能表安培数	1	2.5	3	5	10
可装电器最大总功率	220	550	660	1100	2200

注 若照明电路中用电器不完全是照明灯具，如有带单相电动机的家用电器，则电路的功率、电压、电流的关系是：$P = IU\cos\varphi$，所以表 3 - 1 中单相电能表安培数对应的可装电器最大功率数应小于对应表中的数值。

3. 使用单相电能表的注意事项

（1）电能表应装在干燥处，不能装在高温潮湿或有腐蚀性气体的地方，以免潮气或腐蚀性气体侵入，使电能表的零件受潮甚至发霉，影响测量的准确度，减少电能表的使用寿命。

（2）电能表应装在没有振动的地方，因为振动会使零件松动，使计量不准确。

（3）安装电能表不能倾斜，一般电能表倾斜5°会引起1%的误差，倾斜太大会引起铝盘不转。

（4）电能表应装在厚度为 25mm 的木板上，木板离地面的高度不得低于 1.4m，但也不能过高，通常在 2m 高度为适宜。

4. 三相有功电能表的型号和规格

三相有功电能表分为三相四线和三相三线两种。三相四线有功电能表有 DT1 ~ DT 28、DT 862、DT 864 等系列，字母 D 代表电能表，T 代表三相四线，后面的数字为设计序号；三相三线有功电能表有 DS1 ~ DS 28、DS 862、DS 864 等系列，字母 D 代表电能表，S 代表三相三线，后面的数字为设计序号。

三相四线有功电能表的额定电压一般为 220V，额定电流有 1.5，3，5，6，10，15，20，25，30，40，60A 等数种，其中额定电流为 5A 的可经电流互感器接入电路；三相三线有功电能表的额定电压（线电压）一般为 380V，额定电流有 1.5，3，5，6，10，15，20，25，30，40，60A 等数种，其中额定电流为 5A 的可经电流互感器接入电路。

5. 三相三线电能表的结构

三相三线有功电能表由两个驱动元件组成，两个铝盘固定在同一个转轴上，故称为两元件电能表，其原理结构如图 3 - 17 所示。

三相三线有功电能表用于三相三线制电路中，第一组元件的电压线圈和电流线圈分别接 U_{WV}、I_W，第二组元件的电压线圈和电流线圈分别接 U_{UV}、I_U。接线时，如果将任一端子接错，就会使铝盘反转，或虽然正转但读数不等于三相电路所消耗的电能，这一点要特别注意。

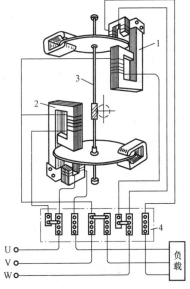

图 3 - 17 两元件双盘
电能表原理结构图

1—第 1 组元件；2—第 2 组元件；

3—转轴；4—端钮盒

6. 新型特种电能表简介

（1）分时计费电能表。分时计费电能表是利用有功电能表或无功电能表中的脉冲信号，分别计量用电高峰和低谷时间内的有功电能和无功电能，以便对用户在高峰、低谷时期内用电收取不同的电费。

（2）多费率电能表。多费率电能表是一种机电一体化式的电能表，它采用了以专用单片机为主电路的设计。除具有普通三相电能表的功能外，还设有高峰、峰、平、谷时段电能计量，以及连续时间或任意时段的最大需量指示功能，而且还具有断相指示、频率测试等功能。这种电能表可广泛用于电厂、变电所、厂矿企业。发、供电部门实行峰谷分时电价，限制高峰负荷。

（3）电子预付费式电能表。顾名思义是一种先付费后用电、通过先进的 IC 卡进行用电管理的一种全新概念的电能表。因为采用了 IC 卡，因此也称电卡式电能表。

这种电能表采用微电子技术进行数据采样、处理及保存，主要由电能计量及微处理器控制两部分组成。

目前，市场上使用较多的有 DSSD331 - 2 型全电子式多功能三相三线交流电能表和 DTSD341 - 2 型全电子式多功能三相四线交流电能表等。

第二节　常用电工材料介绍

一、绝缘材料

绝缘材料的主要作用是将带电体封闭起来或将带不同电位的导体隔开，以保证电气线路和电气设备正常工作，并防止发生人身触电事故等。

1. 橡胶橡皮

电工用橡胶分天然橡胶和合成橡胶两种。天然橡胶易燃，不耐油，容易老化，不能用于户外；但它柔软，富有弹性，主要用作电线电缆的绝缘层和护套。合成橡胶使用较普遍的有氯丁橡胶和丁腈橡胶，它们具有良好的耐油性和耐溶剂性，但电器性能不高，用作电机电器中绝缘结构材料和保护材料，如引出线套管、绝缘衬垫等。

2. 木料

电工材料用木材的，主要有木槽板和圆木、联二木、联三木等，以及干燥的房屋内架线、装灯和开关等。

3. 绝缘包扎带

绝缘包扎带主要用作包缠电线和电缆的接头，常用的有：

（1）黑胶布带。又称黑胶布，用于低压电线电缆接头的包扎。

（2）聚氯乙烯带。它的绝缘性能、耐潮性、耐蚀性好，其中电缆用的特种软聚氯乙烯带是专门用来包扎电缆接头的，有黄、绿、红、黑四种，称为相色带。

4. 陶瓷制品

瓷土烧制后涂以瓷釉的陶瓷制品，是不燃烧不吸潮的绝缘体，可制成绝缘子，支持固定导线。

5. 塑料

常用的有压塑料、热塑性塑料，它们适宜做各种构件，如电动工具的外壳、出线板、支架及绝缘套、插座、接线板等。

二、导电材料

用作导电材料的金属必须具备以下特点：导电性能好，有一定的机械强度，不易氧化和腐蚀，容易加工和焊接，资源丰富，价格便宜。电气设备和电气线路中常用的导电材料有以下几种。

1. 铜

铜的电阻率 $\rho = 0.017\ 5\Omega \cdot m$，其导电性能、焊接性能及机械强度都较好，在要求较高的动力线路、电气设备的控制线和电机、电器的线圈等大部分采用铜导线。

2. 铝

铝的电阻率 $\rho = 0.029\Omega \cdot m$，其电阻率虽然比铜大，但密度比铜小，且铝资源丰富，价格便宜，为了节省铜，应尽量采用铝导线。架空线路、照明线已广泛采用铝导线。由于铝导线的焊接工艺较复杂，使用受到限制。

3. 钢

钢的电阻率是 $\rho = 0.1\Omega \cdot m$，使用时会增大能量损耗和线路压降，但机械强度好，能承受较大的拉力，资源丰富，在部分场合也被用作导电金属材料。

4. 熔体

熔断器中关键的部分是熔体，它用低熔点的合金或金属制作。常用的材料有铅锡合金、铅锌合金。锌、铝熔体有片状，也有丝状。熔丝串联在电路中，当电流超过允许值时，熔丝首先被熔断而切断电源，起到保护其他电气设备的作用。常用熔丝规格可查阅电工手册。

三、导线

1. 裸导线制品

（1）裸绞线。主要有 7 股、19 股、37 股、61 股等，主要用于电力线路中。裸绞线具有结构简单、制造方便、容易架设和维修等优点。常用的裸绞线有 TT 型铝绞线、LGJ 型钢芯铝绞线和 HLJ 型铝合金绞线三种。

（2）硬母线。它是用来汇集和分配电流的导体。硬母线用铜或铝材料经加工做成，截面形状有矩形、管形、槽形，10kV 以下多采用矩形铝材。硬母线交流电的三相用 L1（U）、L2（V）、L3（W）表示，分别涂以黄、绿、红三色，黑色表示零线。新国标规定，三相母线均涂黑色，分别在线端处粘黄、绿、红色点，以区别 U、V、W 三相。硬母线多用于工厂高低压配电装置中。

（3）软母线。用于 35kV 及以上的高压配电装置中。

2. 电磁线

电磁线分为漆包线、纱包线、无机绝缘电磁线和特种电磁线四类。

（1）漆包线。漆膜均匀，光滑柔软，有利于线圈的自动化绕制，广泛应用于中小型、微型电工产品中。

（2）纱包线。用天然丝、玻璃丝、绝缘纸或合成薄膜紧密绕包在导线芯上，形成绝缘层，或在漆包线上再绕包一层绝缘层，一般应用于大中型电工产品中。

（3）无机绝缘电磁线。绝缘层采用无机材料、陶瓷、氧化铝膜等，并经有机绝缘漆浸渍后烘干使其密封。无机绝缘电磁线具有耐高温、耐辐射性能。

（4）特种电磁线。具有特殊的绝缘结构和性能，如耐水的多层绝缘结构，适用于潜水电机绕组用电磁线。

3. 电气装备用电线电缆

电气装备用电线电缆包括各种电气设备内部的安装连接线、电气装备与电源间连接的电线电缆、信号控制系统用的电线电缆及低压电力配电系统用的绝缘电线。

按产品的使用特性可分为通用电线电缆、电机电器用电线电缆、仪器仪表用电线电缆、信号控制电缆、交通运输用电线电缆、地质勘探用电线电缆、直流高压软电缆等数种，维修电工常用的是前两种的六个系列。

第三节　电力内线施工操作规程及安全知识

一、电工安全知识及操作规程

1. 电工安全知识

（1）电工必须接受安全教育，在掌握电工安全知识后，才可参加电工操作。

（2）在安装、维修电气设备和线路时，必须严格遵守各种安全操作规程和规定。

（3）电工在检修电路时，应严格遵守停电操作的规定，必须先拉下总开关，并拔下熔断器（保险盒）的插盖，以切断电源，才能操作。

（4）操作前应穿好具有良好绝缘的胶鞋。

2. 停电检修的安全操作规程

（1）停电检修工作的基本要求。停电检修时，对有可能送电到检修设备及线路的开关和闸刀应全部断开，并在已断开的开关和闸刀的操作手柄上挂上"禁止合闸，有人工作"的标示牌，必要时要加锁，以防止误合闸，如图 3-18 所示。

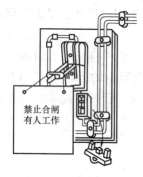

禁止合闸
有人工作

图 3-18　操作前的
预防措施

（2）停电检修工作的基本操作顺序。首先应根据工作内容，做好全部停电的倒闸操作。停电后对电力电容器、电缆线等，应装设携带型临时接地线及绝缘棒放电，然后用试电笔对所检修的设备及线路进行验电，在证实确实无电时，才能开始工作。

（3）检修完毕后的送电顺序。检修完毕后，应拆除携带型临时接地线，并清理好工具，然后按倒闸操作内容进行送电倒闸操作。

3. 带电检修的安全操作规程

如果因特殊情况必须在电气设备上带电工作时，应按照带电工作安全规程进行。

（1）在低压电气设备和线路上从事带电工作时，应设专人监护，使用合格的有绝缘手柄的工具，穿绝缘鞋，并站在干燥的绝缘物上。

（2）将可能碰及的其他带电体及接地物体应用绝缘物隔开，防止相间短路及触地短路。

（3）带电检修线路时，应分清相线和零线。断开导线时，应先断开相线，后断开零线。搭接导线时，应先接零线，再接相线。接相线时，应先将两个线头搭实后再进行缠接，切不可使人体或手指同时接触两根导线。

二、电气火灾的消防知识

一旦发生电气火灾，应立即组织人员采用正确方法进行扑救，同时拨打 119 火警电话，向公安消防部门报警，并且应通知电力部门用电监察机构派人到现场指导和监护扑救工作。

（1）电气设备发生火警时，要首先切断电源，以防火势蔓延和灭火时造成触电，如图 3 - 19 所示。

（2）灭火时，灭火人员不可使身体或手持的灭火工具触及导线和电气设备，以防触电。

（3）灭火时要采用黄砂、二氧化碳或 1211 灭火机等不导电的灭火材料，不可用水或泡沫灭火器进行灭火。若用导电的灭火材料进行灭火时，则既有触电危险，又会损坏电气设备。发生电气火灾时常用的消防用品及不能用的灭火器材如图 3 - 20 和图 3 - 21 所示。

图 3 - 19　发生电气火灾时
首先应切断电源

图 3 - 20　电气火灾时可以
使用的消防用品

图 3 - 21　电气火灾时不能
使用的消防用品

（4）常用电气灭火器的种类与使用方法见表 3 - 2。

表 3 - 2　　　　　　　　　　　　电气灭火器的种类与使用方法

种　类	使　用　方　法
二氧化碳灭火器	离火点 3m 远，一手拿喇叭筒，另一手打开开关
四氧化碳灭火器	打开开关，液体即可喷出
干粉灭火器	提出圈环，干粉即可喷出

三、触电的形式及触电急救知识

在意外的情况下，人体与带电部分相接触而有电流通过人体或者有较大的电弧烧到人体称为触电。前者称为电击，后者称为电烧伤。

电击多发生在对地电压为 220V 的低压线路或带电设备上，因为这些带电体是人体日常工作和生活中易于接触的部分。当电流通过人体时，轻者使人体肌肉痉挛，产生麻电感觉；重者会造成呼吸困难，心脏麻痹，甚至死亡。

电烧伤多发生在高压带电体上，人体若接触 1kV 及以上的高压带电体后，很大的电流所产生的热效应、化学效应、机械效应，会使人体皮肤受到灼伤，严重时还会使内脏受到灼伤，也可能导致死亡。

1. 触电的形式与安全措施

低压电气设备多而分散，维护管理比较困难，容易发生低压触电。低压触电的形式有单相触电、两相触电、跨步电压和接触电压触电等几种情况，见表 3 - 3。

表 3 - 3　　　　　　　　　　　　　　触电形式与安全措施

触电形式			
两相触电	单相触电	单相触电的另一种形式	跨步电压触电
安全措施			
单线操作	对地绝缘	先搭成通路再接线	单足着地离开危险区

2. 触电急救知识

万一发生触电事故，迅速准确地进行现场急救是抢救触电人起死回生的关键。因此，不仅电工和医务人员应当熟练掌握触电急救技术，广大群众也应懂得一些触电急救常识。

（1）尽快脱离电源　使触电人尽快脱离电源，是救治触电人的第一步。开关较近时，应立即拉断；开关较远时，可用绝缘手柄，或用有干燥木柄的刀、斧、铁锹将电源切断。电源切断前，不能用手去拉触电人，以防连锁触电。如果触电人身在高处，还应采取安全措施，防止电源切断后，人从高处摔下，给进一步救治增加困难。

（2）快速急救处理　当触电人脱离电源后，要赶紧派人请医生前来抢救或立即通知急救中心，同时根据具体情况，迅速对症救治。所谓对症救治，即触电人只有四肢麻木，全身无力，有些心慌，神志尚清，或者一度昏迷，但未失去知觉，要使之静卧休息，可能逐渐康复。如果触电人伤害较严重，失去知觉，呼吸停止，但心脏微有跳动，这时应采用口对口人工呼吸。如果触电人有呼吸而心脏停跳，应采用人工胸外挤压法。如果触电人伤害很严重，心跳和呼吸全停，完全失去知觉，绝不能认为已经死亡，而要口对口人工呼吸和胸外挤压法同时进行，或两法交替进行，先胸外挤压 4～8 次，然后再口对口吹气 2～3 次，如此循环反复进行。要有最大的耐心，并注意观察触电人的瞳孔，在没有确定完全死亡前，不应停止抢救。有资料记录，采用人工呼吸和胸外挤压法假死 4h 后，仍能把人从死亡的边缘拉回来。

人工呼吸和胸外挤压法，应就地开始，就是在送往医院的途中也不要中断或停止。

关于人工呼吸和胸外挤压法，通常采用的有仰卧胸压法、俯卧压背法、口对口人工吹气法、摇臂压胸法、胸外挤压心脏法和开胸直接挤压心脏法等。下面只介绍简单易行且效果较好的"口对口吹气法"和"胸外挤压法"两种方法。

口对口吹气法：① 迅速解开触电人衣扣，松开紧身的内衣、裤带，使触电人的胸部和腹部自由扩张。将触电人仰卧，颈部伸直。如果舌头后缩，要将其拉直，使呼吸道畅通。当触电人牙关紧闭，可用小木棒从嘴角伸入牙缝慢慢撬开，将触电人头部后仰，舌根就不会阻塞气流，如图 3-22（a）所示。② 救护人在触电人头部的旁边，一只手握紧触电人的头部，另一只手扶起触电人的下颌，使嘴张开，如图 3-22（b）。③ 救护人做深吸气后，口对口吹气，同时观察触电人胸部的膨胀情况，以胸部略有起伏为宜。起伏过大，表示吹气太多，易把肺泡吹破。若不见起伏，表示吹气不足，所以吹气要适度，如图 3-22（c）所示。④ 当吹气完毕准备换气时，口要立即分开，并放开捏紧的鼻孔，让触电人自动向外呼气，如图 3-22（d）所示。

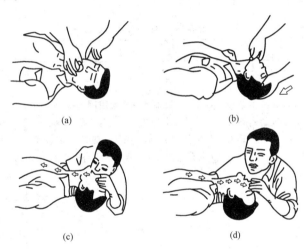

图 3-22 口对口人工呼吸法

（a）清理口腔阻塞；（b）鼻孔朝天头后仰；（c）贴嘴吹气胸扩张；（d）放开喉鼻好换气

按以上吹气方法反复进行，大约每 5s 吹一次，吹气约 2s，呼气约 3s。

胸外心脏挤压法：① 将触电人仰卧，同样要保持呼吸道畅通，背部着地处应平整稳固。② 选好正确的压触部位（心脏的位置约在胸腔内胸骨下半段和脊椎骨之间），如图 3-23（a）所示。救护人在触电人一边，两手交叉相叠，把下面那只手的掌根放在触电人的胸骨上（注意不能压胸骨下端的尖角骨）。③ 开始挤压时，救护人的肘关节要伸直，用力要适当，要略带冲击性地挤压，挤压深度约为 3~5cm，如图 3-23（b）所示。④ 一次冲压后，掌根应迅速放松，但不要离开胸部，使触电人胸骨复位，如图 3-23（c）所示。

挤压次数：成年人约 60 次/min，儿童约 90~100 次/min。挤压过程中，应随时注意脉搏是否跳动。

触电人面色开始好转，嘴唇逐渐红润，瞳孔显现缩小，心跳、呼吸微起，即将迎来成功的欢乐。

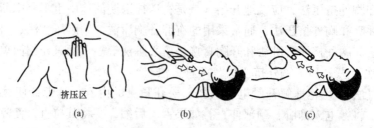

图 3 - 23　胸外挤压法

（a）中指对凹膛当胸一手掌；（b）向下挤压 3～5cm 迫使血液出心房；
（c）突然松手复原使血液返流到心脏

四、保护接地和保护接零

1. 保护接地和保护接零的方式和作用

保护接地和保护接零的方式和作用见表 3 - 4。

表 3 - 4　　　　　　　　　　保护接地和保护接零的方式和作用

名称	接 地 方 式	作 用	图 示
保护接地	将电气设备不带电的金属外壳和同金属外壳相连的金属构架用导线和接地体可靠地连接	当电动机或变压器的某相绕组因绝缘损坏而碰壳，此时因人体电阻（一般为 800～1000Ω）远大于电气设备的接地电阻（一般为几 Ω），所以通过人体的电流极小，保证了人身安全	
工作接地	把电力系统中某一点用接地装置与大地可靠地连接	（1）系统进行工作接地或工作不接地时的两种情况 1）若中性点没有工作接地，当某相发生接地故障时，由于电容电流较小，通过的电流也很小，熔断器及保护继电器不会动作，故不能及时地切除故障 2）若中性点有工作接地，当某相发生接地故障时，会造成很大的单相短路电流，熔断器及保护继电器立即动作，切断电源和切除故障	
		（2）降低了电气设备和线路的绝缘要求 1）若中性点没有工作接地，当某相发生接地故障时，其他两相对地电压接近线电压 2）若中性点工作接地，当某相发生接地故障时，其他两相电压接近相电压，绝缘要求可降低	

名称	接 地 方 式	作 用	图 示
重复接地	将中性线上一点或多点通过接地装置与大地再次可靠连接	如中性线未采取重复接地，当中性线发生断线或有相线碰壳时，会使接在断线后面的所有电气设备外壳呈现接近相电压的对地电压。如中性线实行重复接地，则发生同样故障时，断线后面一段中性线的对地电压只有相电压的一半，减轻故障程度	L1 L2 L3 PEN N PE
保护接零	在中性点接地的三相四线制系统中，将电气设备的金属外壳、框架等与中性点可靠连接	当某相线绝缘损坏碰壳时，由于中性线的电阻很小，则通过的短路电流很大，使熔断器或保护继电器动作，避免了触电的危险，保护了人身安全	L1 L2 L3 N PE
专用保护零线	在中性点接地的三相四线制系统中，从电源中性点起敷设专用保护零线，将电气设备的金属外壳与专用保护零线可靠连接	三相五线制中性点直接接地系统运行安全可靠，欧美各国已普遍采用，我国正在逐步推广使用	L1 L2 L3 N PE 单相负载

注 同一系统中不宜同时采用"保护接地"和"保护接零"。

2. 接地和接零的注意事项

（1）在中性点直接接地的低压电网中，电力装置宜采用接零保护。在中性点非直接接地的低压电网中，电力装置应采用接地保护。

（2）在同一配电线路中，不允许一部分电气设备接地，另一部分电气设备接零，以免接地设备一相碰壳短路时，可能由于接地电阻较大，而使保护电器不动作，造成中性点电位升高，使所有接零的设备外壳都带电，反而增加了触电的危险性。

（3）由低压公用电网供电的电气设备，只能采用保护接地，不能采用保护接零，以免接零的电气设备一相碰壳短路时，造成电网的严重不平衡。

（4）为防止触电危险，在低压电网中，严禁利用大地作相线或零线。

（5）用于接零保护的零线上不得装设开关或熔断器，单相开关应装在相线上。

第四节 室内低压配线的技术要求和电气照明施工图及文字符号表示方法

一、室内配线的基本要求

室内配线不仅要求安全可靠，而且要求线路布局合理、整齐、安装牢固，其基本要求如下。

（1）使用的导线的额定电压应不小于电源电压，导线的绝缘保护性能应符合其安装环境，导线的截面积及机械强度均应满足要求。

（2）导线避免有接头，若需接头时，应设接线盒，并采用压接或焊接方式；穿管导线在管内不允许有接头。

（3）明配线路在建筑物内应与建筑物轮廓线平行或垂直敷设，且水平敷设的导线距地面的距离不小于 2.5m；垂直敷设的导线，除进入开关的外，离地不小于 1.8m。

（4）导线穿过楼板，应加套钢管保护，保护高度应不低于 1.8m。

（5）导线穿墙时，应套瓷管或塑料管保护，且保护管两端伸出墙外 10mm。

二、室内配线的主要工序

（1）熟悉图样及要求，弄清设备位置、穿楼板、穿墙位置等。

（2）按设计图样领料，备足工件。

（3）配合土建施工，按图样埋设预置件及地脚螺钉。

（4）装设绝缘支持物、线夹或管子。

（5）敷设、固定导线。

（6）连接电气设备。

三、常用绝缘导线及选用

1. 常用绝缘导线的结构和应用范围

常用绝缘导线的结构和应用范围见表 3-5。

表 3-5　　　　　　　　　常用绝缘导线的结构和应用范围

结　构	型　号	名　称	用　途
 1—单根芯线；2—塑料绝缘； 3—7 根绞合芯线；4—19 根绞合芯线	BV-70 BLV-70	聚氯乙烯绝缘铜芯线 聚氯乙烯绝缘铝芯线	用来作为交直流额定电压为 500V 及以下的户内照明和动力线路的敷设导线，以及户外沿墙支架线路的架设导线
 1—棉纱编织层；2—橡皮绝缘； 3—单根芯线	BLX BX	铝芯橡皮线 铜芯橡皮线 （俗称皮线）	用来作为交直流额定电压为 500V 及以下的户内照明和动力线路的敷设导线
	IJ LGJ	裸铝绞线 钢芯铝绞线	用来作为户外高低压架空线路的架设导线，其中 LGJ 应用于气象条件恶劣，或电杆挡距大，或跨越重要的区域，或电压较高的线路场合
 1—多根束绞芯线；2—塑料绝缘	BVR BLVR	聚氯乙烯绝缘铜芯软线 聚氯乙烯绝缘铝芯软线	适用于不做频繁活动的场合的电源连接线；但不能作为不固定或处于活动场合的敷设导线

续表

结　构	型　号	名　称	用　途
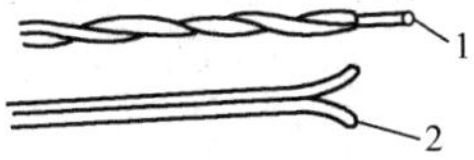 1—绞合线；2—平行线	RVB - 70（或 RFB） RVS - 70（或 RFB）	聚乙烯绝缘双根平行软线（丁腈聚氯乙烯复合绝缘） 聚氯乙烯绝缘双根绞合软线（丁腈聚氯乙烯复合绝缘）	用来作为交直流额定电压为 250V 及以下的移动电具、吊灯的电源连接导线
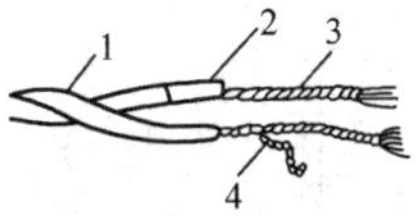 1—橡皮绝缘；2—棉纱编织层；3—多根束绞芯线；4—棉纱层	BXS	棉纱编织橡皮绝缘双根绞合软线（俗称花线）	用来作为交直流额定电压为 250V 及以下的电热移动电具（如小型电炉、电熨斗和电烙铁）的电源连接导线
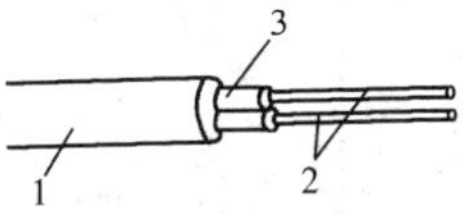 1—塑料护套；2—双根芯线；3—橡皮绝缘	BVV - 70 BLVV - 70	聚氯乙烯绝缘和护套铜芯双根或三根护套线 聚氯乙烯绝缘和护套铝芯双根或三根护套线	用来作为交直流额定电压为 500V 及以下的户内外照明和小容量动力线路的敷设导线
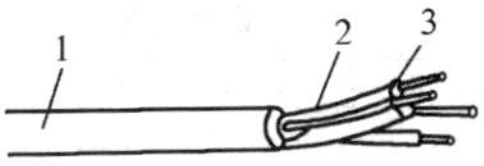 四芯芯线 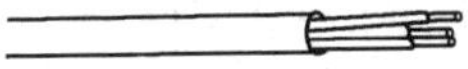 三芯芯线 1—橡皮或塑料护套；2—麻绳填芯；3—橡皮或塑料绝缘	RHF RH	氯丁橡套软线橡套软线	用于移动电器的电源连接导线，或用于插座板电源连接导线，或短时期临时送电的电源导线

2. 导线截面的选择

在选择导线时，要同时满足机械强度、允许温升（或允许载流量）、允许电压损失等几个条件，一般是先按其中的一个条件选择，再按其他几个条件校核。例如，线路短、负载电流大，可先按允许温升条件选择导线截面，再用其他条件校核。如果线路较长，可先按允许电压损失选择导线。如果负载很小，线路又不长，这时应首先考虑机械强度。

（1）按允许载流量的要求。表 3 - 6 ~ 表 3 - 8 列出了绝缘导线在不同敷设方式时的允许载流量，供选用绝缘导线时参考。

表 3-6　　　　　500V 单芯橡皮、塑料绝缘导线明线敷设允许载流量　　　　　（A）

截面积 /mm²	BX、BLX、BXF、BLXF、BXR 型橡皮线允许载流量		BV、BLV、BVR 型塑料线允许载流量	
	铜芯	铝芯	铜芯	铝芯
0.75	18	—	16	—
1.0	21	—	18	—
1.5	27	19	24	18
2.5	35	27	32	25
4	45	35	42	32
6	58	45	55	42
10	85	65	75	59
16	110	85	105	80
25	145	110	138	105
35	180	138	170	130
50	230	175	215	165
70	285	220	265	205
95	345	265	325	250

表 3-7　　　　500V 单芯橡皮绝缘导线穿钢管（或塑料管）敷设允许载流量　　　　（A）

截面积 /mm²	BX、BLX、BXF、BLXF 型允许载流量					
	穿二根导线		穿三根导线		穿四根导线	
	铜芯	铝芯	铜芯	铝芯	铜芯	铝芯
1.0	15（13）	—	14（12）	—	12（11）	—
1.5	20（17）	15（14）	18（16）	14（12）	17（14）	11（11）
2.5	28（25）	21（19）	25（22）	19（17）	23（20）	16（15）
4	37（33）	28（25）	33（30）	25（23）	30（26）	23（20）
6	49（43）	37（33）	43（38）	34（29）	39（34）	30（26）
10	68（59）	52（44）	60（52）	46（40）	53（46）	40（35）
16	86（76）	66（58）	77（68）	59（52）	69（60）	52（46）
25	113（100）	86（77）	100（90）	76（68）	90（80）	68（60）
35	140（125）	106（95）	122（110）	94（84）	110（98）	83（74）
50	175（160）	133（120）	154（140）	118（108）	137（123）	105（95）
70	215（195）	165（153）	193（175）	150（135）	173（155）	133（120）
95	260（240）	200（184）	235（215）	180（165）	210（195）	160（150）

表 3 - 8 　　　　**500V 单芯聚氯乙烯绝缘导线穿钢管（或塑料管）敷设允许载流量** 　　（A）

截面积 /mm²	BV、BLV 型允许载流量					
	穿二根导线		穿三根导线		穿四根导线	
	铜芯	铝芯	铜芯	铝芯	铜芯	铝芯
1.0	14 (10)	—	13 (11)	—	11 (10)	—
1.5	19 (16)	15 (13)	17 (15)	13 (11.5)	16 (13)	12 (10)
2.5	26 (24)	20 (18)	24 (21)	18 (16)	22 (19)	15 (14)
4	35 (31)	27 (24)	31 (28)	24 (22)	28 (25)	22 (19)
6	47 (41)	35 (31)	41 (36)	32 (27)	37 (32)	28 (25)
10	65 (56)	41 (36)	57 (49)	44 (38)	50 (44)	38 (33)
16	82 (72)	63 (55)	73 (65)	56 (49)	65 (57)	50 (44)
25	107 (95)	80 (73)	95 (85)	70 (65)	85 (75)	65 (57)
35	133 (120)	100 (90)	115 (105)	90 (80)	105 (93)	80 (70)
50	165 (150)	125 (114)	146 (132)	110 (102)	130 (117)	100 (90)
70	205 (185)	155 (145)	183 (167)	143 (130)	165 (148)	127 (115)
95	250 (230)	190 (175)	225 (205)	170 (158)	200 (185)	152 (140)

注　表中括号内数值是用于绝缘导线穿塑料管。

表 3 - 6 ~ 表 3 - 8 是绝缘导线在长期连续负载时的允许载流量（线芯最高允许工作温度为 +65℃，周围环境温度为 +25℃），如果周围环境温度不是 +25℃，表 3 - 6 ~ 表 3 - 8 中的电流值可参照表 3 - 9 加以校正，即实际允许载流量 = 校正系数 K × 表中允许载流量。

表 3 - 9 　　　　　　　　　**绝缘导线载流量的校正系数 K**

实际环境温度/℃	5	10	15	20	25	30	35	40	45
校正系数 K	1.22	1.17	1.12	1.06	1.0	0.935	0.865	0.791	0.707

（2）按机械强度的要求，绝缘导线截面积应不小于表 3 - 10 中的数值。

表 3 - 10 　　　　　　　　　**屋内外布线线芯允许最小截面积**

用　　途		线芯最小允许截面积/mm²		
		多股铜芯软线	铜　线	铝　线
灯头引下线		屋内 0.4 屋外 1.0	屋内 0.5 屋外 1.0	屋内 1.5 屋外 2.5
移动式用电 设备引线		生活用 0.2 生产用 1.0	不宜使用	不宜使用
固定敷设的导线， 支持点间距离	1m 以内	不宜使用	屋内 1.0；屋外 1.5	屋内 1.5；屋外 2.5
	2m 以内		屋内 1.0；屋外 1.5	2.5
	6m 以内		2.5	4.0
	12m 以内		2.5	6.0
管内穿线		不宜使用	1.0	2.5

（3）按允许电压损失的要求。自配电变压器二次侧出口至线路末端（不包括接户线）的允许电压降为额定低压配电电压（220V、380V）的4%，在农村不宜超过7%。

下面介绍220V照明线路（包括生活用电器具）绝缘导线截面的选择。

1）照明线路（包括接户线和进户线）应使用电压不低于250V的绝缘线，导线截面积应按机械强度和安全载流量进行选择。例如，某住户厨房供给2kW电热水器一只，130W排油烟机一台，30W照明灯一只，2kW（用电器）插座两只，采用铜芯塑料线穿管敷设，试选择导线截面。

第一步按机械强度要求查表3-10可知，选择线路最小截面积为1.0mm²才能满足机械强度的要求。

第二步按进线段计算工作电流，用允许载流量验证，即

$$I = \frac{P}{U} = \frac{2000 \times 2 + 130 + 30}{220}\text{A} = 18.9\text{A}$$

查表3-7中1.0mm²铜芯线穿管在25℃时的允许载流量为13A，允许载流量小于工作电流，所以不能选用1.0mm²导线。

第三步根据工作电流查表3-7可知，2.5mm²铜芯导线（二根穿管）对应允许载流量为25A，再考虑最高环境温度为35℃，查表3-9可知，校正系数$K=0.865$，即导线实际允许载流量为$0.865 \times 25\text{A} = 21.6\text{A}$，大于工作电流，所以应选用2.5mm²铜芯导线。

2）动力线路（包括接户线和进户线）应使用额定电压不低于500V的绝缘线。导线截面积应先按允许载流量进行选择，然后按机械强度和电压损失进行校验。

四、电气照明供电系统图

电气照明施工图是电气照明工程施工安装依据的技术图样，包括电气照明供电系统图、电气照明平面布置图、非标准安装制作大样图及有关施工说明、设备材料等。

电气照明供电系统图又称为照明配电系统图，简称为照明系统图，是用国家标准规定的电气图，用图形符号概略地表示电气照明系统的基本组成、相互关系及其主要特征的一种简图，最主要的是表示其电气线路的连接关系。图3-24是某两层教学楼电气照明供电系统图。

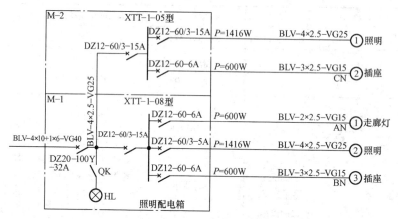

图3-24 某教学楼电气照明供电系统图

五、电气照明平面布置图

电气照明平面布置图又称为照明平面布线图，简称为照明平面图，是用国家标准规定的建筑和电气平面图图形符号及有关文字符号表示照明区域内照明灯具、开关、插座及配电箱等的平面位置及其型号、规格、数量、安装方式，并表示照明线路的走向、敷设方式及其导线型号、规格、根数等的一种技术图样。图3-25是教学楼一、二层电气照明平面布置图。

六、电气照明平面图的识读

1. 电气照明平面图常用的图形符号

表3-11列出电气照明平面图常用的部分图形符号，供同学们识读图时参考。

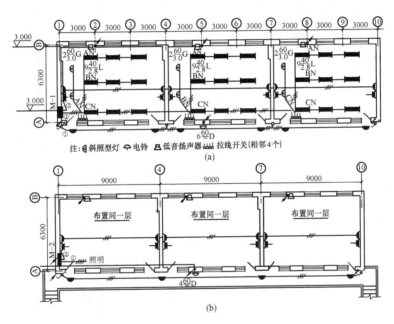

图3-25 教学楼电气照明平面布置图
(a) 一层电气平面布置图；(b) 二层电气平面布置图

2. 电气照明平面图常用的文字符号

表3-12列出电气照明平面图常用的部分文字符号，供同学们识读图时参考。

3. 电气照明平面图的识读

从图3-25可看出，进线位置在墙的横端南边处，为三相四线到照明配电箱，进线离地高度为3m。每间教室装有日光灯、插座、拉线开关，走道装有吸顶灯及连接电器的线路。

此外，图上的文字符号，如室内日光灯处都标$9\frac{40}{2.8}$L，其意义为：9表示9盏；分子表示灯管的功率为40W；分母表示灯具距地面的高度为2.8m；L表示采用吊链吊装。又如$6\frac{60}{-}$D表示6盏60W的吸顶灯。

表 3 – 11   电气照明平面图常用的图形符号

序　号	符　号　名　称	符　号	标　准
1	导线、电缆、母线和线路的一般符号		IEC
2	多根（例：3 根）导线		IEC
3	地下线路		IEC
4	架空线路		IEC
5	管道线路		IEC
6	应急照明（事故照明）线路		GB
7	50V 及以下电力及照明线路		GB
8	控制及信号线路（电力及照明用）		GB
9	装在支柱上的封闭式母线		GB
10	装在吊钩上的封闭式母线		GB
11	滑触线		GB
12	中性线（N 线）		IEC
13	保护线（PE 线）		IEC
14	保护中性线（PEN 线）		IEC
15	具有 PE 线和 N 线的三相配线		IEC
16	向上配线		IEC
17	向下配线		IEC
18	垂直通过配线		IEC
19	盒（箱）一般符号		IEC
20	连接盒或连线盒		IEC
21	配电中心（示出 5 根导线管）		IEC
22	示出配线的照明引出线位置		IEC
23	在墙上的照明引出线（示出配线向左边）		IEC

续表

序 号	符 号 名 称		符 号	标 准
24	接地装置	有接地极	—○✕·—○—	GB
		无接地极	✕·—✕·—✕	GB
25	屏、台、箱、柜的一般符号		▭	GB
26	动力或动力－照明配电箱		▬	GB
27	照明配电箱（屏）		▬	GB
28	插座的一般符号	优选型	⅄	IEC
	插孔的一般符号	其他型	⅄	IEC
29	单相插座	一般	⅄	GB
		暗装	⅄	GB
		密闭（防水）	⅄	GB
		防爆	⅄	GB
30	带保护接地插座 带接地插孔的单相插座	一般	⅄	ICE
		暗装	⅄	GB
		密闭（防水）	⅄	GB
		防爆	⅄	GB
31	带接地插孔的三相插座	一般	⅄	GB
		暗装	⅄	GB
		密闭（防水）	⅄	GB
		防爆	⅄	GB
32	断路器		✕	IEC

续表

序 号	符 号 名 称		符 号	标 准
33	隔离开关			IEC
34	负荷开关（负荷隔离开关）			IEC
35	熔断器一般符号			IEC
36	熔断器开关			IEC
37	火花间隙			GB
38	避雷器			IEC
39	开关的一般符号 动合（常开）触点符号			IEC
40	手动开关的一般符号			IEC
41	多线表示的开关			GB
42	开关的一般符号			IEC
43	单极开关	一般		GB
		暗装		GB
		密闭（防水）		GB
		防爆		GB

续表

序 号	符 号 名 称		符 号	标 准
44	双极开关	一般	⚬⟋	GB
		暗装	●⟋	GB
		密闭（防水）	⊘⟋	GB
	双控开关（单极三线）		⚬⟋	GB
45	荧光灯	一般符号	⊢─┤	IEC
		三管荧光灯	⊨═╡	GB
		五管荧光灯	⊢─⁵─┤	GB
46	防爆荧光灯		⊢──◄	GB
47	灯或信号灯的一般符号		⊗	IEC
48	投光灯一般符号		（⊗	IEC
49	照明灯具的标注	a—灯数 b—型号或编号 c—每盏灯具的灯泡数 d—灯泡容量（W） e—灯具安装高度（m） f—安装方式 L—光源种类	一般标注方法 $a-b\dfrac{c\times d\times L}{e}f$	GB
			灯具吸顶安装时的标注 $a-b\dfrac{c\times d\times L}{-}$	GB
50	安装或敷设标高/m	用于室内平面、剖面图上	▽ ±0.000	GB
		用于总平面图上的室外地面	▼ ±0.000	GB

表 3-12 照明电气常用的文字符号

序号	名 称		符号	备 注	序号	名 称		符号	备注
（一）	电气设备基本文字符号				10		卤钨灯	L	②
1	照明配电箱		AL	④	11		荧光灯	Y	②
2	应急配电箱				12	照明光源	汞灯	G	②
3	动力配电箱		A	④	13		钠灯	N	②
4	信号箱		AS	④	14		氙灯	X	②
5	抽屉柜		AT	④	15		金属卤化物灯	J	②
6	接线箱		AW	④	16		混光光源	H	②
7	插座箱		AX	④	17	避雷器		F	①
8	电容器		C	①	18	熔断器		FU	①
9	照明灯		E、EL	①	19	控制、记忆、信号电路的开关器件，选择器		S	①

75

续表

序号	名　称	符号	备　注	序号	名　称	符号	备　注
20	控制开关	SA	①	43	用塑料线卡敷设	CJ	③
21	选择开关	SA	①			PL	④
22	按钮	SB	①	44	用铝皮线卡敷设	QD	
23	刀开关	QK	④⑤			AL	④
24	负荷开关	QL	④⑤	45	用金属软管敷设	F	④
25	隔离开关	QS	①	46	用金属线槽敷设	VJ	
26	断路器	QF	①			MR	④
27	导线、电缆、母线	W	①	47	用电缆桥架敷设	QJ	
28	母线	WB	⑤			CT	④
29	线路	WL	⑤	48	穿焊接钢管水煤气管敷设	G	③
30	端子	X	①			S. G	④
31	连接片	XB	①	49	穿电线管敷设	DG	③
32	插头	XP	①			T	④
33	插座	XS	①	50	穿硬塑料管敷设	VG	⑤
34	控制屏（台）	AC	④			P	④
（二）	灯具安装方式的文字符号			51	明敷	M	③
						E	④
35	线吊式	X	③	52	暗敷	A	③
		WP	④			C	④
36	链吊式	L	③				
		C	④	（四）	导线敷设部位的文字符号		
37	管吊式	G	③	53	沿钢索敷设	S	③
		P	④			M	④
38	壁装式	B	③	54	沿梁敷	LM	③
		W	④			BE	④
39	吸顶式	—	注高度处绘线	55	沿柱或跨柱明敷	ZM	③
		—				CE	④
40	嵌入式	T		56	沿墙面明敷	QM	③
		R	④			WE	④
（三）	导线敷设方式的文字符号			57	沿顶栅明敷	PM	③
						CCE	④
41	用瓷绝缘子敷设	CP	③	58	在能进入的吊顶内明敷	PNM	
		K	④			ACE	
42	用塑料线槽敷设	XC		59	暗敷在梁内	LA	
		PR	④			BC	④

序号	名 称	符号	备注	序号	名 称	符号	备注
60	暗敷在柱内	ZA	③	64	暗敷在不能进入的吊顶内	PNA	
		CC	④			ACC	
61	暗敷在墙内	QA	③	备注	① 参见 GB7159《电气技术中的文字符号制订通则》 ② 参见 GB6869．1《灯具型号命名方法》 ③ 参见 GB313《电力及照明平面图图形符号》 ④ 参见全国电气图形符号标准化技术委员会编《国家标准电气制图、电气图形符号应用示例图册》 ⑤ 参见刘介才主编的《工厂供电》及《工厂供电简明设计手册》等。		
		WC	④				
62	暗敷在地面板内	DA	③				
		FC	④				
63	暗敷在顶棚内	PA	③				
		CEC	④				

第五节 照明灯具及选用

为适应不同地点、不同场所照明的要求，照明灯具厂家生产了各种各样的灯具。从照明灯具的发光原理分类，常用灯具大致分为：热辐射光源类灯具和气体放电光源类灯具。随着科技进步和社会发展，将会有更多效率高、发光强、性能好的灯具上市。

1. 常用灯具的特点及其适用场所

各类常用灯具的特点及其适用场所见表 3-13。

表 3-13　　　　　　　　各类常用灯具的特点及其适用场所

光源	灯具	优 点	缺 点	适用场所
热辐射光源	白炽灯	构造简单，使用可靠，安装、维修方便，无电磁波干扰	发光效率低，经不起振动，寿命短	居室、办公室、车间、仓库等
	卤钨灯	构造简单，使用可靠，光色好，体积小，安装、维修方便，无电磁波干扰	发光效率仅较白炽灯高，灯管温度高	舞台等
气体放电光源	荧光灯	光色好，光效高，寿命长	功率因数低，结构复杂，工作不稳定	居室、办公室等
	高压汞灯	耐振、耐热，效率高，抗振性能好	启辉时间长，电压降低时易自熄	工厂、车间、路灯等
	高压钠灯	光效高，寿命长，透雾力强	显色性差，工作不稳定，易自熄	街道、广场、车站、港口、码头等
	金属卤化物灯	光色好，光效高，体积小	紫外线辐射较强	广场、码头、车站等大面积照明，应高悬
	管形氙灯	工作稳定，发很强白光，有"小太阳之称"	电压波动时易自熄	自冷式管形氙灯适用于广场、海港、机场等

2. 常用照明灯具的结构及选用

（1）白炽灯的选用及注意事项。白炽灯的额定电压必须和电源电压一致，根据灯座结构的不同，分为螺口灯泡和插口灯泡，如图 3-26 所示。

根据灯座的结构不同，选取插口灯泡或螺口灯泡，常见的两种灯座见图 3-27。对于螺口灯座，中性线应接螺纹触点，相线经过开关再接弹簧舌片触点。更换灯泡应在断开开关的情况下操作。

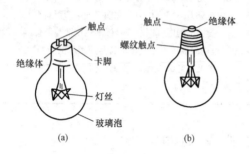

图 3-26　白炽灯泡
（a）插口式；（b）螺口式

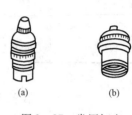

图 3-27　常用灯座
（a）插口式；（b）螺口式

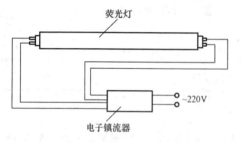

图 3-28　荧光灯采用电子镇流器的工作线路

（2）荧光灯的结构、接线及使用注意事项。荧光灯的结构与原理在电工课中已有介绍，这里不再重复。下面主要介绍电子镇流器荧光灯的特点。

电子镇流器一般由晶体管线路组成，分为整流滤波、超声频振荡器、限流线圈三部分，由超声频振荡器来激发灯管中的汞蒸气产生 254mm 紫外辐射，电子镇流器输出的超声频振荡要有相当的电压和功率，以维持荧光灯的启辉和正常放电。采用电子镇流器的荧光灯的工作线路如图 3-28 所示。

由于电子镇流器的采用大大改善了荧光灯的工作条件，与电感镇流器相比有如下优点：

1）在电源电压较低（不低于 130V）和环境温度较低（-10℃左右）的情况下，都能使荧光灯管一次快速启辉（不用启辉器），灯管无闪烁，镇流器本身无噪声。

2）节约电能，电子镇流器本身的损耗很小，再加上灯管工作条件改善了，故发出同样的光通量所消耗的电功率也相应减少了，同一根灯管使用电子镇流器比使用电感镇流器向电网取用的功率要减少 30% 左右。

3）功率因数大于 0.9（用电感镇流器时为 0.33~0.52），且阻抗呈容性，故能改善电力网的功率因数，提高供电效率。

4）体积小，重量轻，安装方便，可以直接安装在各种灯具上。

为使荧光灯能正常工作，选用与灯管配套的镇流器是非常重要的。电感镇流器启辉器内纸介质电容器易击穿，导致灯管不能点燃，应及时更换。灯管两端发黑而不能再点燃时，应更换灯管。

（3）异形、特种荧光灯。荧光灯管的外形除直管形外，还可根据需要做成环形和 U 形等。近年来，还发展了紧凑型荧光灯——高效荧光灯，用细玻璃管做成各种形状，如双曲灯、H灯、双D灯等，如图3-29所示。其中有些灯还将镇流器、启辉器、灯管组装在一起，做成单端可以直接替换白炽灯。

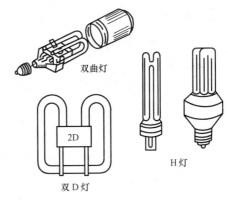

图3-29 几种异形荧光灯管

（4）碘钨灯的结构与使用注意事项。碘钨灯是常用的卤钨灯，其结构如图3-30所示，主要由螺旋状灯丝和玻璃管构成，两端为电源引脚。

碘钨灯与白炽灯发光原理相同，管内充有碘蒸气，在高温条件下，利用碘循环提高发光效率和灯丝寿命。工作时，钨灯丝在高温下蒸发游离；停止工作时，随着灯管的冷却，钨又回到灯丝上，这样灯丝不会变细，可以延长使用寿命。

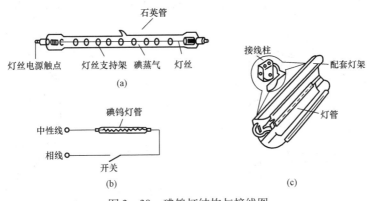

图3-30 碘钨灯结构与接线图
（a）碘钨灯管；（b）碘钨灯的接线图；（c）碘钨灯组装后的结构

为了保证钨蒸气均匀地回到灯丝上，灯管必须水平安装，倾斜不得大于4°；碘钨灯工作时，灯管温度高，应加强散热，避免引起火灾；装于室外时，应有防雨措施。

第六节 室内低压线路的敷设

室内低压线路的敷设有明敷设和暗敷设两种。导线沿墙壁、天花板、桁架及梁柱等敷设称为明敷设；导线埋在墙内、地坪内和装设在顶棚内等称为暗敷设。敷设方法通常有瓷（塑料）夹板敷设、低压绝缘子敷设、槽板敷设、线管敷设、铝卡片敷设及钢索敷设等。

一、导线的连接与绝缘层的恢复

导线的连接与绝缘层的恢复是内线工程中不可缺少的工序，连接与绝缘层恢复的技术好坏直接关系到线路及电气设备能否安全可靠地运行。对导线连接的基本要求是：连接可靠，机械强度高，耐腐蚀和绝缘性能好。

1. 导线线头绝缘层的剥削

（1）塑料硬线绝缘层的剥削。对于芯线截面积为 4mm² 及以下的塑料硬线，一般用钢丝钳进行剥削，剥削方法如下：用左手捏住电线，根据线头所需长度，用钢丝钳刀口切割绝缘层，但不可切入芯线；然后用右手握住钢丝钳头部，用力向外勒去塑料绝缘层，如图 3－31 所示。剥削出的芯线应保持完整无损，若损伤较大，应重新剥削，6mm² 以下的塑料硬线，也可用剥线钳来剥削。

对于芯线截面积大于 4mm² 的塑料硬线，可用电工刀来剥削绝缘层，方法如下：

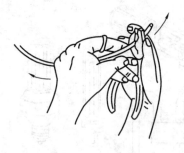

图 3－31　钢丝钳剥削
塑料硬线绝缘层

1）根据所需的长度，用电工刀以 45°倾斜切入塑料绝缘层，如图 3－32（a）所示。

2）接着刀面与芯线保持 25°左右，用力向线端推削，不可切入芯线，削去上面一层塑料绝缘，如图 3－32（b）所示。

3）将下面塑料绝缘层向后扳翻，如图 3－32（c）所示，最后用电工刀齐根切去。

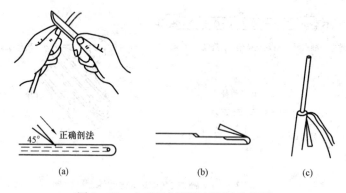

图 3－32　电工刀剥削塑料硬线绝缘层
（a）刀以 45°倾斜切入；（b）刀以 25°倾斜推削；（c）翻下塑料层

（2）塑料软线绝缘层的剥削。塑料软线绝缘层只能用剥线钳或钢丝钳剥削，不可用电工刀剥削，其剥削方法同上。

（3）塑料护套线绝缘层的剥削。塑料护套线的绝缘层必须用电工刀来剥削，剥削方法如下：

1）按所需长度用电工刀刀尖对准芯线缝隙间划开护套层，如图 3－33（a）所示。

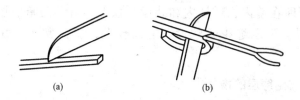

图 3－33　塑料护套线绝缘层的剥削
（a）刀在芯线缝隙间划开护套层；（b）扳翻护套层并齐根切去

2）向后扳翻护套层，用刀齐根切去，如图 3－33（b）所示。

3）在距离护套层 5～10mm 处，用电工刀以 45°倾斜切入绝缘层，其他剖削方法同塑料硬线。

2. 导线线头绝缘层剖削时的安全事项

（1）使用电工刀剖削时，刀口应向外，避免伤人或伤手。

（2）剥削线头绝缘层时，不得损伤金属芯线。

3. 导线的连接

（1）单股铜芯导线的直线连接。

1）把两线头芯线成 X 相交，互相缠绕 2～3 圈，如图 3-34（a）所示。

2）把两余线头扳起，如图 3-34（b）所示。

3）各线头分别在芯线上紧密缠绕 5～6 圈，用钢丝钳切去余下芯线头，并钳平芯线的末端，如图 3-34（c）所示。

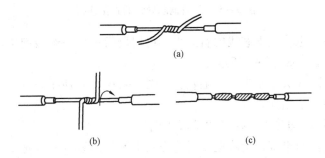

图 3-34 单股铜芯导线的直接连接

（2）单股铜芯导线的分支连接。

1）将支线靠近根部与干线十字交叉，如图 3-35（a）所示。

2）支线在干线上紧密缠绕 6～8 圈，用钢丝钳切去余下线头，并钳平切口毛刺，如图 3-35（b）所示。

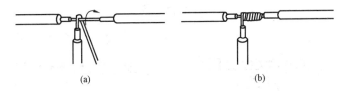

图 3-35 单股铜芯导线的 T 字分支连接

（3）多股铜芯导线的直线连接（以 7 股为例）。

1）先将剥去绝缘层的芯线散开拉直，把靠近绝缘层的 1/3 线头长度的芯线按导线原缠绕方向绞紧，余下线头拉直，分散成伞状，如图 3-36（a）所示。

2）把两个伞状线头隔根均匀交叉，捏平两端芯线，如图 3-36（b）所示。

3）把一端的 7 股芯线按 2，2，3 根分成 3 组，然后把一组 2 根相邻芯线扳起，按顺时针方向缠绕 2 圈，如图 3-36（c）所示。

4）缠绕 2 圈后，余下芯线向右扳直，再将紧挨一组的 2 根扳起，按顺时针方向紧压前 2 根线头缠绕 2 圈，如图 3-36（d）所示。

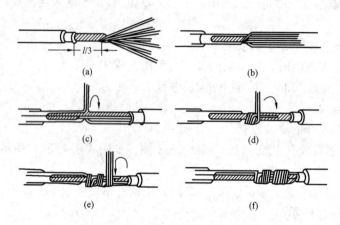

图 3 - 36　7 股铜芯导线的直接连接

5）缠绕 2 圈后，也将余下芯线向右扳直，再把最后三根一组扳起紧压上一组两根扳直芯线缠绕 3 圈，如图 3 - 36（e）所示。

6）切去余下的芯线头，钳平切口毛刺，如图 3 - 36（f）所示。

7）另一端缠绕方法相同。

（4）多股铜芯导线的分支连接（以 7 股为例）。

1）把分支芯线散开钳直，接着把靠近绝缘层 1/8 的芯线绞紧，把支线头的 7/8 芯线分成两组，3、4 根各一组排平齐，用旋具把干线芯线撬分成两组，再把支线中 4 根芯线的一组插入干线撬缝中，另一组 3 根支线放在干线的前面，如图 3 - 37（a）所示。

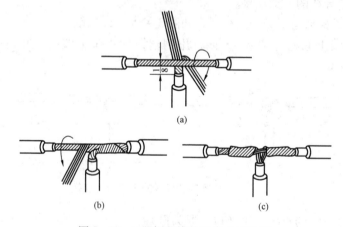

图 3 - 37　7 股铜芯线的 T 字分支连接

2）把右边 3 根芯线的一组按顺时针紧紧缠绕 3～4 圈，切去余线，钳平切口，如图 3 - 37（b）所示。

3）把左边 4 根芯线的一组按逆时针缠绕 4～5 圈，切去余线，钳平切口，如图 3 - 37（c）所示。

（5）铜芯线接头处的锡焊。

1）截面积为 10mm^2 及以下的铜芯导线接头，可用 30～150W 电烙铁进行锡焊。锡焊前，在芯线表面涂一层无酸焊锡膏，待电烙铁烧热后即可锡焊。

2）截面积为 16mm^2 及其以上的铜芯导线采用浇焊法，首先在化锡锅内用喷灯加热锡，达到一定温度后，表面呈磷黄色，然后将导线接头放在化锡锅上方，用勺盛熔锡浇接头处，如图 3-38 所示。刚开始，接头温度低，锡在接头上流动性差，继续浇下去，使接头温度升高。直至全部焊牢，擦除焊渣，使接头表面光滑。

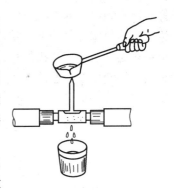

图 3-38 铜芯导线接头浇焊法

（6）铝芯线的连接。铝金属材料易氧化，且铝氧化膜的电阻率大，铝导线不宜采用铜导线的连接方法。单股铝芯线一般采用螺钉压接法连接，如图 3-39 所示。多股铝芯线常采用压接管压接法连接，如图 3-40 所示。

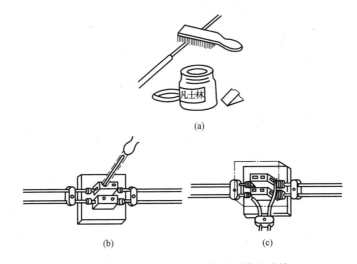

图 3-39 单股铝芯导线的螺钉压接法连接
（a）刷去氧化膜涂上凡士林；（b）在瓷接头上做直线连接；（c）在瓷接头上分路连接

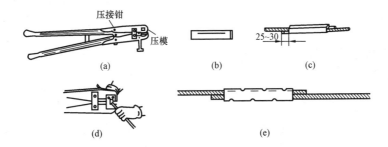

图 3-40 压接钳和压接管及压接法连接
（a）压接钳；（b）压接管；（c）穿进压接管；
（d）进行压接；（e）压接后的铝芯线

4. 导线绝缘层的恢复

导线的绝缘层破损后，必须恢复；导线连接后，也需恢复绝缘。恢复后的绝缘强度应不低于原有绝缘层的绝缘强度。通常用黄蜡带、涤纶薄膜带和黑胶带作为恢复绝缘层的材料。绝缘带的包缠方法如下：将黄蜡带从导线左边完整的绝缘层上开始包缠，包缠两根带宽后才可进入无绝缘层的芯线部分，如图 3-41（a）所示。包缠后，黄蜡带与导线保持约55°的倾斜角，每圈压叠带宽的1/2，如图 3-41（b）所示。包缠一层黄蜡带后，将黑胶带接在黄蜡带的尾端，按另一斜叠方向包缠一层黑胶布，也要每圈压叠带宽的1/2，如图 3-41（c）、（d）所示。

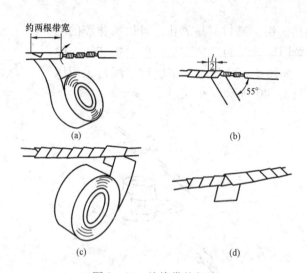

图 3-41　绝缘带的包缠
（a）包缠起点选择；（b）缠绕方法；（c）另起缠绕黑胶布；（d）缠绕黑胶布

导线绝缘层恢复时，应注意的事项如下。

（1）用在380V线路上的导线恢复绝缘时，必须先包缠 1~2 层黄蜡带，然后再包缠一层黑胶带。

（2）用在220V线路上的导线恢复绝缘时，先包缠一层黄蜡带，然后再包缠一层黑胶带；也可只包缠两层黑胶带。

（3）绝缘带包缠时，不能过疏，更不允许露出芯线，以免造成触电或短路事故。

（4）绝缘带平时不可放在温度很高的地方，也不可浸染油类。

二、低压线路瓷夹板敷设

1. 瓷夹板敷设操作工艺

（1）定位。在土建抹灰前，应先确定灯具、开关、插座等安装位置，再确定导线敷设路径及其穿墙、起始、转角夹板的固定位置，最后确定中间夹板位置。

（2）划线。用粉线袋或长直木条划线。沿导线敷设路径划线，并标注灯具、夹板等安装位置，当导线截面积为 1~2.5mm^2 时，夹板间距不大于0.6m；当导线截面积为 4~10mm^2 时，夹板间距不大于0.8m。

（3）凿眼。用冲击钻在砖墙上按定位位置凿眼，穿墙孔用电锤打孔，避免严重破坏墙壁。

（4）安装木楔或尼龙塞。将木楔或尼龙塞打入孔内。

（5）埋设穿墙瓷管或过楼板钢管（土建时预埋塑料套管或钢管，这一步可省去）。

（6）固定瓷夹板。利用预埋的木楔或尼龙塞，将瓷夹板用木螺钉直接固定在木楔或尼龙塞上，也可用膨胀螺栓固定瓷夹板等。

（7）敷设导线。将导线头固定在划线始端，用抹布或旋具勒直导线，并依次拉紧固定导线，如图3－42所示。

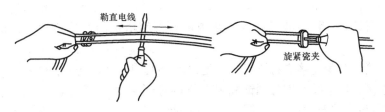

图3－42 瓷夹板导线的敷设

2. 瓷夹板敷设的注意事项

（1）瓷夹板敷设时，铜导线截面积应不小于$1mm^2$，铝导线截面积应不小于$1.5mm^2$。

（2）在拐弯、分支、交叉处，瓷夹板安置如图3－43所示，交叉时下面导线应加套瓷管。

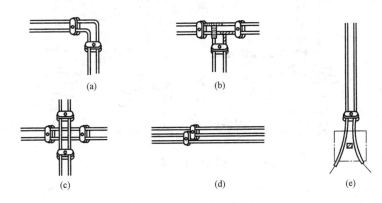

图3－43 瓷夹板敷设

（a）转角；（b）T字分支；（c）十字交叉；（d）三线平行；（e）进入木台

（3）3根线平行时，应在各支撑点装两副瓷夹。

（4）进入木台应设置一副瓷夹，且线头应留有充分宽的裕度。

三、低压线路槽板敷设

1. 槽板敷设操作工艺

（1）定位。在土建抹灰层干透后进行。首先按施工图确定灯具、开关、插座和配电箱等设备的安装位置；然后确定导线的敷设路径，穿越楼板和墙体的位置以及配线的起始、转角和终端的固定位置；最后再确定中间固定点的安装位置，槽板底板固定点距转角、终端及设备边缘的距离应在50mm左右，中间固定点间距不大于500mm。

（2）划线。考虑线路的整洁和美观，要沿建筑物表面逐段划出导线的走线路径，并在每个开关、灯具、插座等固定点中心划出"×"记号。划线时，应避免弄脏墙面。

（3）打眼安装固定件。在划好的固定点处用冲击钻打眼，打眼时应注意深度，避免过深或过浅，适当超过膨胀螺栓或塑料胀塞即可；然后在打眼孔中逐个放入固定件（膨胀螺栓或尼龙塞、木楔等）。

（4）槽板安装。将槽板固定在垂直或水平划的线上，用扎锥在槽板上扎眼，然后用木螺钉把槽板固定在墙体上。在安装过程中，如遇到转角、分支及终端时，应注意倒角。操作方法如下。

1）对接。对接时，将两槽板锯齐，并用木锉将两槽板的对接口锉平，保证线槽对准时，拼接紧密。

2）转角连接。转角连接应将槽板连接处锯成45°，并用木锉倒角。

3）分支连接。将干线槽板分别锯成45°，再将分支线槽板锯成45°进行拼接。

（5）导线敷设。将导线敷设于线槽内，起始两端须留出100mm线头。

（6）盖板及其附件安装。在敷线的同时，边敷线边将盖板固定在底板上，盖板与底板的接口应相互错开，如图3-44所示。

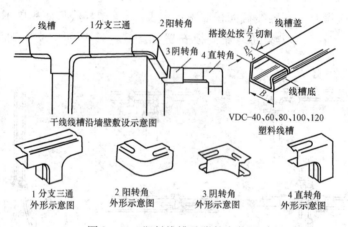

图3-44 塑料线槽及附件安装图

2. 槽板敷设的注意事项

（1）敷设导线时，槽内导线不允许有接头，必要时要装设接线盒。

（2）导线在灯具、开关、插座及配电箱等处，一般应留有100mm的余量。

（3）导线在槽内的配线根数，应符合有关规定。

四、低压线路的线管敷设

1. 线管敷设操作工艺

（1）线管的选择。根据敷设的场所来选择线管的类型，例如在潮湿和有腐蚀气体的场所内明设或埋设时，一般采用镀锌管，在干燥场所内明敷或暗敷时，一般采用管壁较薄的电线管；在腐蚀性较大的场所内明敷或暗敷时，一般采用硬塑料管。

根据穿管导线截面积和根数来选择线管的管径，一般要求穿管导线的总截面积（包括绝缘层）应不超过线管内径截面积的40%。

（2）落料。线管应无裂缝、瘪陷等缺陷，下料长度以尽可能减少线管连接接口为原则，用钢锯锯割适当长度，锉去毛刺和锋口。

（3）弯管。为了线管穿线方便，弯管的弯曲角度应不小于90°，明管敷设时，管子的弯曲曲率半径 $R \geqslant 4d$；暗管敷设时，弯管的曲率半径 $R \geqslant 6d$，其中 d 为管径。

1）管弯器弯管如图 3-45 所示，适用于直径为 50mm 以下的线管。

2）木架弯管器弯管如图 3-46 所示。

3）滑轮弯管器弯管如图 3-47 所示，适用于直径为 50~100mm 的线管。直径较大的镀锌管，目前采用液压弯管器或电动弯管器，这种弯管器便于携带且操作方便（使用时应详细阅读说明书）。

图 3-45 管弯器弯管

图 3-46 木架弯管器弯管

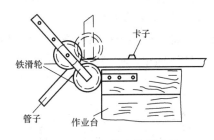

图 3-47 滑轮弯管器弯管

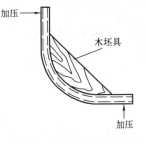

图 3-48 硬塑料管弯曲

4）弯曲硬塑料管，先将塑料管加热，然后放在木坯具上弯曲成型，如图 3-48 所示。

（4）钢管的套丝。钢管之间或钢管与箱、盒采用螺纹连接时，应使用管子绞拔将线管端部绞制外螺纹。

（5）线管的连接。

1）钢管相接。采用管箍连接，为保证接口严密，在管子丝扣上顺螺纹缠上生胶带，并且涂一层白漆，再用管子钳拧紧，使两管端口吻合，如图 3-49 所示。

2）钢管与接线盒的连接如图 3-50 所示，在接线盒内外各用一个薄形锁紧螺母紧固，如需密封，两螺母之间可各垫入封口垫圈。

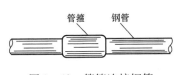

图 3-49 管箍连接钢管

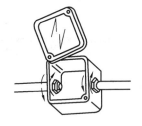

图 3-50 线管与接线盒的连接

3）硬塑料管连接。将两根管子的管口，一根内倒角，一根外倒角，加热内倒角塑料管至 145℃ 左右，将外倒角管涂一层胶合剂，迅速插入内倒角管，并立即用湿布冷却，使管子恢复硬度，如图 3-51 所示。

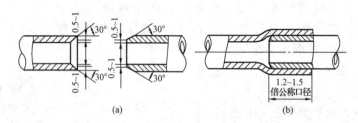

图 3 – 51　硬塑料管的插入法连接

（a）管口倒角；（b）插入法连接

（6）线管的固定。

1）线管明线敷设。如图 3 – 52 所示，当线管进入接线盒、开关、灯头、插座和线管拐角处，两边需要用管卡固定。

2）线管在混凝土内暗敷设。预先将管子绑扎在钢筋上，也可固定在浇灌模板上，且应将管子用垫块垫离混凝土表面 15mm 以上，如图 3 – 53 所示。

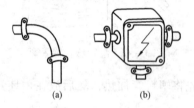

图 3 – 52　两种管卡固定方式

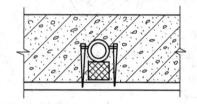

图 3 – 53　线管在混凝土模板上的固定

（7）扫管穿线。一般在建筑物土建地坪和粉刷工程结束后，进行穿线工作。

1）首先用压缩空气或绑结抹布的钢丝穿线管，清除管内的杂物和水分。

2）用 φ1.2mm 的钢丝作为引线，如图 3 – 54 所示绑缠，在弯头少的地方，钢丝可直接穿出线套管出口端。在弯头多的地方，两边可同时穿钢丝；在钢丝端弯曲挂钩，试探着将挂钩互相勾住，引出牵引钢丝绳。

3）在导线穿入线管前，应在管口套护圈，以防止割伤导线绝缘。线管入口和出口各有一人，相互配合拉出导线，如图 3 – 55 所示。

图 3 – 54　导线与引导的缠绕

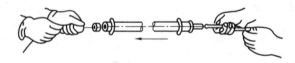

图 3 – 55　导线穿入管内的方法

2. 线管敷设的注意事项

（1）在截面积较大而管壁薄的钢管的弯曲，为了避免弯瘪、弯裂线管，可在管内灌沙，甚至加热后再弯管。

（2）线管内导线的绝缘强度应不低于 500V；铜芯导线的截面积应不小于 $1mm^2$，铝芯导线的截面积应不小于 $2.5mm^2$。

（3）管内不准有接头，也不准有绝缘破损后经包缠恢复绝缘的导线。

（4）不同电压和不同电能表的导线不得穿在同一根管内。

（5）为便于穿线，线管应尽可能减少转弯或弯曲，且规定线管长度超过一定值，必须加装接线盒时，要求：直线段不超过30m；一个弯头不超过30m；两个弯头不超过20m；三个弯头不超过12m。

（6）在混凝土内暗敷线管时，必须使用厚度为3mm的电线管；当线管外径超过混凝土厚度的1/3时，不准采用暗敷线管的方式，以免影响混凝土强度。

（7）钢线管必须可靠接地，即在线管始末端分别与接地体可靠地连接。

3. 低压线路PVC阻燃电线管敷设

（1）PVC阻燃电线管的性能规格。PVC阻燃电线管，是以聚氯乙烯树脂粉为主，加入阻燃剂、增塑剂及其他助剂生产而成的。该系列制品具有优良的耐腐蚀性、绝缘性和阻燃性。PVC阻燃电线管在工厂和民用建筑的电气配线中是一种理想的以塑代钢的新型管材。PVC阻燃电线管主要规格见表3-14。

这种阻燃高强度圆管除可作为一般的明敷设和暗敷设外，还适用于安装在天花板内部、地板下面或埋设在混凝土内的线路敷设。

表3-14 PVC阻燃电线管的主要规格、包装及图样

名　　称	规格/mm	包装/m	图　　样
圆管	φ16	100	
	φ20	100	
	φ25	100	
	φ32	100	
	φ40	100	

（2）PVC阻燃电线管的附件。各种附件如角弯、三通、接线盒等是为线管配套使用而设计的，包括线路转弯、分行、延长等驳接更为方便和美观。附件的各种类型如图3-56所示。

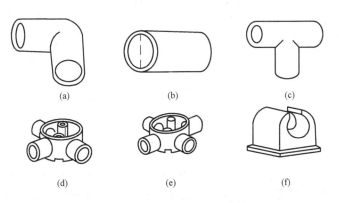

图3-56 PVC阻燃电线管附件
（a）角弯；（b）直通；（c）三通；（d）三通接线盒；（e）四通接线盒；（f）鞍形管夹

（3）PVC阻燃电线管的敷设。PVC阻燃电线管的敷设方法与钢管、硬塑管的敷设方法

类同，如图 3-57 所示。

五、低压线路塑料护套线敷设

1. 塑料护套线敷设工艺

护套线配线方法的基本步骤也类似瓷夹配线，但另需说明如下。

（1）木结构上直接用铁钉固定在铝片线卡内，在抹灰墙上，每隔 4~5 个铝片线卡固定处或进入木台和转角处，用小铁钉将铝片线卡固定在木楔上，余处可将线卡直接钉在灰墙上。

（2）铝片的夹持，护套线置于铝片的钉孔处，如图 3-58 所示顺序扎紧。

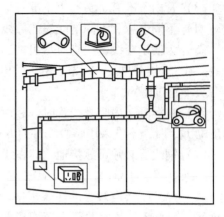

图 3-57 PVC 阻燃电线管的敷设

2. 塑料护套线敷设的注意事项

（1）室内使用塑料护套线配线时，规定铜芯的截面不得小于 $0.5mm^2$，铝芯的截面积不得小于 $1.5mm^2$；室外使用塑料护套线配线时，铜芯的截面积不得小于 $1.0mm^2$，铝芯的截面积不得小于 $2.5mm^2$。

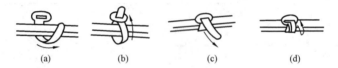

图 3-58 铝片卡线夹住护套线操作

（2）护套线不可以在线路上直接连接，可通过瓷接头、接线盒或借用其他电器的接线柱来连接线头。

（3）护套线转弯时，转弯弧度要大，以免损伤导线，转弯前后应各自安装一个铝片线卡夹住，如图 3-59（a）所示。

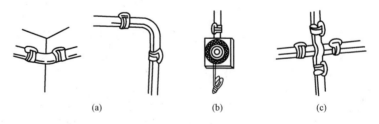

图 3-59 铝片线卡的安装
（a）转角部分；（b）进入木台；（c）十字交叉

（4）护套线进入木台前，应安装一个铝片线卡，如图 3-59（b）所示。

（5）两根护套线相互交叉时，交叉处要用 4 片铝片线卡夹住，护套线应尽量避免交叉。

（6）护套线离地面的最小距离不得小于 0.15m，在穿越楼板及离地面的距离小于 0.15m 的一段护套线，应加电线管保护。

六、低压线路绝缘子敷设

1. 绝缘子敷设操作工艺

绝缘子配线方法的基本步骤与瓷夹配线相同，但另需说明如下。

（1）绝缘子的固定。常用绝缘子有鼓形绝缘子、蝶形绝缘子、针式绝缘子、悬式绝缘子等，如图3-60所示。

利用木结构，预埋木楔或尼龙塞、支架、膨胀螺栓等固定鼓形绝缘子时，其方法如图3-61所示。

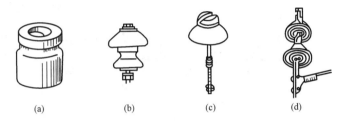

图 3-60 绝缘子的外形
（a）鼓形绝缘子；（b）蝶形绝缘子；（c）针式绝缘子；（d）悬式绝缘子

（2）敷设导线及导线的绑扎。在绝缘子上敷设导线时，也应从一端开始，先将一端的导线绑扎在绝缘子的颈部，如果导线弯曲，应事先校直，然后将导线的另一端收紧绑扎固定，最后把中间导线也绑扎固定。导线在绝缘子上绑扎固定的方法如下：

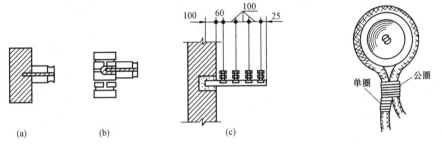

图 3-61 绝缘子的固定
（a）木结构上；（b）砖墙上；（c）支架上

图 3-62 终端导线
的绑扎

1）终端导线的绑扎。导线的终端可用回头线绑扎，如图3-62所示。绑扎线宜用绝缘线，绑扎线的线径和绑扎匝数见表3-15。

表 3-15　　　　　　　　　　　　绑扎线的线径和绑扎圈数

导线截面积/mm²	绑线直径/mm			绑线圈数	
	纱包铁心线	铜芯线	铝芯线	双圈数	单圈数
1.5~10	0.8	1.0	2.0	10	5
10~35	0.89	1.4	2.0	12	5
50~70	1.2	2.0	2.6	16	5
95~120	1.24	2.6	3.0	20	5

2）直线段导线的绑扎。鼓形和碟形绝缘子直线段导线一般采用单绑法或双绑法两种形式。截面积在 6mm² 及以下导线，可采用单绑法，步骤如图 3 – 63（a）所示；截面积为10mm² 及以上的导线，可采用双绑法，步骤如图 3 – 63（b）所示。

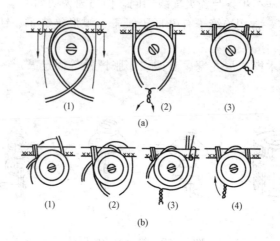

图 3 – 63　直线段导线的绑扎
（a）单绑法；（b）双绑法

2. 绝缘子配线的注意事项

（1）在建筑物的侧面或斜面配线时，必须将导线绑扎在绝缘子的上方，如图 3 – 64所示。

（2）导线在同一平面内，如果有曲折时，绝缘子必须装设导线曲折角的内侧，如图 3 – 65 所示。

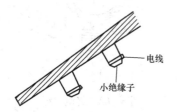

图 3 – 64　绝缘子在侧面或
斜面导线绑扎

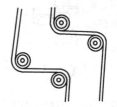

图 3 – 65　绝缘子在同一
平面的转弯方法

（3）导线在不同的平面上曲折时，在凸角的两面上应装设两个绝缘子，如图 3 – 66所示。

（4）导线分支时，必须在分支点处设置绝缘子，用以支持导线和导线互相交叉时，应在距离建筑物近的导线上套瓷管保护，如图 3 – 67 所示。

（5）平行的两根导线，应放置在两绝缘子的同一侧进行绑扎，如图 3 – 68 所示。

（6）绝缘子沿墙壁垂直排列敷设时，导线弧度不得大于 5mm；沿屋架或水平支架敷设时，导线弧度不得大于 10mm。

图 3 – 66　绝缘子在不同
平面的转弯作法

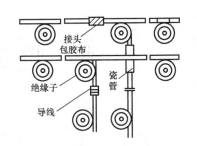

图 3 – 67　绝缘子的
分支作法

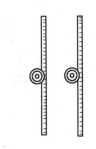

图 3 – 68　平行导线在
绝缘子上的绑扎

第七节　低压电器、照明设备及安装

一、常用照明灯具的安装

1. 照明灯具安装的一般规定

户内照明灯具的安装方式有吸顶式、壁挂式和悬挂式等，如图 3 – 69 所示。一般要求如下。

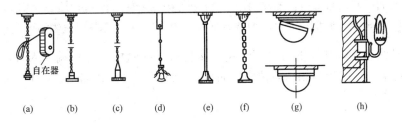

图 3 – 69　户内照明灯具的安装

（a）自在器式吊线灯；（b）固定式吊线灯；（c）防潮、防水式吊线灯；
（d）人字式吊线灯；（e）吊杆灯；（f）吊链灯；（g）吸顶式安装；（h）壁灯安装

（1）灯具安装必须牢固，采用导线自身作吊线时，只适用于质量低于 1kg 的灯具；质量超过 1kg 的灯具，应采用链吊或管吊；质量超过 3kg 的灯具，必须固定在预埋挂钩或螺栓上。

（2）灯具引接的导线，不应受额外张力，也不能受到磨损或割裂。

（3）安装在易燃性吊顶内的灯具，应采取隔热防火措施，且应有良好通风散热孔隙。

（4）在危险场所安装的灯具，相对湿度常在 85% 以上，环境温度经常在 40℃ 以上，以及有尘埃等危险场所，其灯头离地面的距离不得小于 2.5m，一般应不小于 2m。

2. 灯具附件安装的规定

常用灯具附件如图 3 – 70 所示，灯具附件安装要求如下。

（1）相线（即火线）必须经过开关再接到灯座上。

（2）螺口灯座，相线经开关后，应接在灯座中心的弹片触点上，零线接在螺纹触点上。

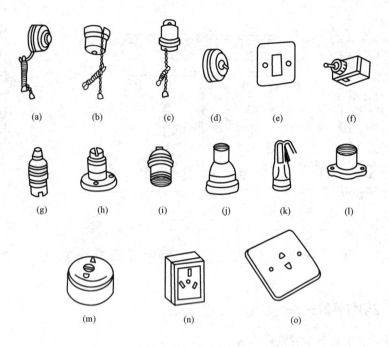

图 3 – 70　灯具的附件

（a）拉线开关；（b）顶装式拉线开关；（c）防水式拉线开关；
（d）平开关；（e）翘板开关；（f）台灯开关；（g）插口吊灯座；（h）插口平灯座；
（i）螺口吊灯座；（j）螺口平灯座；（k）防水螺口吊灯座；（l）防水螺口平灯座；
（m）圆扁通用双极插座；（n）扁式单相三极插座；（o）暗式圆扁通用双极插座

（3）软导线兼承载灯具重力时，软线一端套入吊线盒内，另一端套入灯座罩盖，两端均应在线端打结扣，以使结扣承载拉力，而导线接线处不受力，如图 3 – 71 所示。

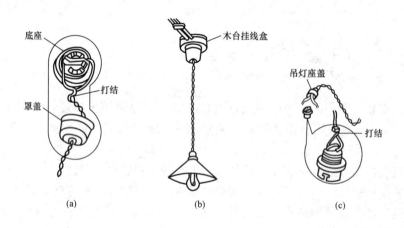

图 3 – 71　吊灯座安装

（a）挂线盒内接线；（b）装成的吊灯；（c）吊灯座安装

（4）暗开关和暗插座的安装。暗埋的开关盒、插座盒与暗埋的电线管连通，且开关盒、插座盒的面口应与粉刷层平齐。安装插座与开关前要先进行线管穿线。

（5）明开关和明插座的安装。土建时在墙上预埋木楔，或在墙上凿孔埋置木楔或尼龙塞，然后将穿引出导线的木台固定在墙上，最后将开关和插座固定在木台上。

（6）开关的安装。翘板式或扳把式开关，其安装高度应便于操作。

（7）插座的安装。一般明插座离地面高度为1.8m，暗插座离地面高度为0.3m，插座接线应统一要求，如图3-72所示。

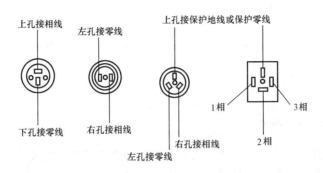

图3-72 插座接线

3. 荧光灯的安装

荧光灯的安装主要是按线路图连接电路（接线原理在电工实验中已讲），下面主要介绍安装方法和注意事项。

（1）荧光灯管是长形细管，光通量在中间部分最高。安装时，应将灯管中部置于被照面的正上方，并使灯管与被照面横向保持平行，力求得到较高的照度。

（2）吊式灯架的挂链吊钩应拧在平顶的木结构或木楔上或预制的吊环上，才能可靠。

（3）接线时，把相线接入控制开关，开关出线必须与镇流器相连，再按镇流器接线图连接，如图3-73所示。

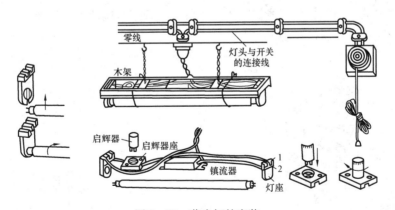

图3-73 荧光灯的安装

（4）当四个线头镇流器的线头标记模糊不清楚时，可用万用表电阻挡测量，电阻小的两个线头是副线圈，标记为3、4与启辉器构成回路；电阻大的两个线头是主线圈，标记为1、2，接法与二线镇流器相同，如图3-74所示。

（5）在学校大教室中，往往把两盏荧光灯装在一个大型灯架上，仍用一个开关控制，接线按并联电路接法，如图3-75所示。

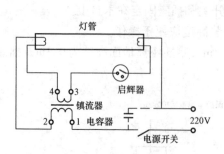

图 3-74 四个线头镇流器接线图

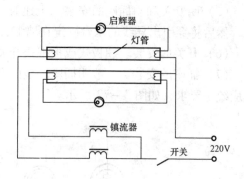

图 3-75 多支灯管的并联电路

二、常用低压电器的安装

低压电器的种类繁多，用途广泛，有低压控制电器和低压配电电器等。本章仅介绍常用于低压配电电器，这些电器是刀开关、断路器、熔断器、漏电保护器等。

1. 瓷底胶盖刀开关

瓷底胶盖刀开关又称为开启式负荷开关。它由刀开关和熔丝组合而成，瓷底板上装有进线座、静触头、熔丝接头、出线座及刀片式的动触头，上面覆有胶盖，其外形如图 3-76 所示。胶盖的作用，一方面是为了防止人体触及开关的带电部分而造成的触电事故；另一方面是防止触头间发生电弧或熔丝熔断时烧伤操作人员。因此，必须经常保持胶盖的完整。

瓷底胶盖刀开关的结构简单、价格低廉、操作方便，因而在低压电路中应用很广。但由于它的额定电流较小，而且没有专门的灭弧装置，容易烧伤触头。所以只在负荷电流不太大，用手动接通和断开负荷电路不频繁的线路中应用；也可作小容量（5.5kW 以下）异步电动机的不频繁直接起动和停止之用。

这种刀开关的正确安装和接线如图 3-77 所示。合闸后应使手柄朝上，电源线接在静触头一侧，负载线经过熔丝接在动刀片上。

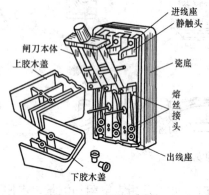

图 3-76 胶盖刀开关

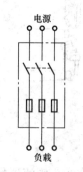

图 3-77 胶盖刀开关的安装与接线

瓷底胶盖刀开关有 HK1、HK2、TSW 等系列，常用的是 HK1、HK2 系列，其型号的含义如下：

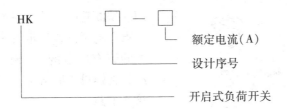

2. 低压熔断器

熔断器是为保护线路和电气设备的安全，用来切断短路故障点的最常用的保护电器。

熔断器主要由熔体和安装熔体的熔管（或熔座）两部分组成。熔体是熔断器的主要部分，常做成片状或丝状；熔管是熔体的保护外壳，在熔体熔断时兼有灭弧作用。

每一种规格的熔体都有额定电流和熔断电流两个参数。通过熔体（丝）的电流小于其额定电流时，熔体不会熔断；只有在超过其额定电流并达到熔断电流时，熔体才会发热熔断。通过熔体的电流越大，熔体熔断越快。一般规定熔体通过的电流为额定电流的 1.3 倍时，应在 1h 以上熔断；通过额定电流的 1.6 倍时，应在 1h 内熔断；电流达到两倍额定电流时，熔丝在 30~40s 后熔断；当达到 8~10 倍额定电流时，熔体应瞬时熔断。熔断器对过载是很不灵敏的，当设备轻度过载时，熔断时间延迟很长，甚至不熔断。因此，熔断器不宜作为过载保护，它主要作为短路保护之用。熔断电流一般是熔体额定电流的两倍。

（1）瓷插式熔断器。瓷插式熔断器由瓷盖、瓷底、动触头、静触头及熔丝 5 部分组成，常用的 RC 系列瓷插式熔断器的外形及结构如图 3-78 所示。

瓷盖和瓷底均用电瓷制成，电源线和负载线可分别接在瓷底两端的静触头上。瓷底座中间有一个空腔，与瓷盖突出部分构成灭弧室。容量较大的熔断器在灭弧室中还垫有熄弧用的编织石棉，在熔体熔断时可防止金属颗粒喷溅。

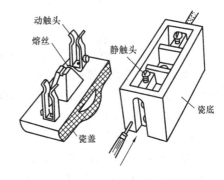

图 3-78　RC 系列瓷插式熔断器

RC 系列瓷插式熔断器的额定电压为 380V，额定电流有 5、10、15、30、60、100、200A 等。RC 系列瓷插式熔断器的含义如下：

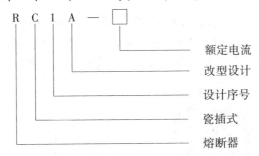

RC1A 熔断器价格便宜，更换方便，广泛用作照明和小容量电动机的短路保护。

（2）螺旋式熔断器。螺旋式熔断器主要由瓷帽、熔断管（心子）、瓷套、上接线端、下接线端及座子等 6 部分组成。常用 RL 系列螺旋式熔断器的外形及结构如图 3-79 所示。

RL 系列螺旋式熔断器的熔断管内，除了装熔丝外，在熔丝周围填满石英砂，作为灭弧

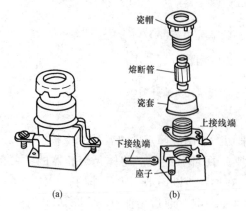

图 3 – 79　RL 系列螺旋式熔断器

（a）外形；（b）结构

用。熔断管的一端有一个小红点，熔丝熔断后红点自动脱落，显示熔丝已熔断。使用时应将熔断管有红点的一端插入瓷帽，瓷帽上有螺纹，将螺母连同熔管一起拧进瓷底座，熔丝便接通电路。

在装接时，用电设备的连接线接到连接金属螺纹壳的上接线端，电源线接到瓷底座上的下接线端，这样在更换熔丝时，旋出瓷帽后螺纹壳上不会带电，保证了安全。

RL 系列螺旋式熔断器的额定电压为 500V，额定电流有 15A、60A、100A、200A 等。RL 系列螺旋式熔断器的含义如下：

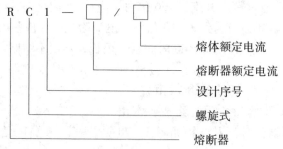

RL 系列螺旋式熔断器的断流能力大，体积小，安装面积小，更换熔丝方便，安全可靠，熔丝熔断后并有显示。在额定电压为 500V，额定电流为 200A 以下的交流电路或电动机控制电路中，作为短路保护。

3. 住宅配电盘的安装

住宅配电盘是用户室内用电设备的配电点，其输入端接在电力部门的进户线上，输出端连接室内供电和控制电路。其控制、保护和计量设备均装在配电盘上，便于管理维护和安全用电。

住宅配电盘一般由配电盘面、电能表、闸刀开关、熔断器（或漏电保护器）等组成，如图 3 – 80 所示。

（1）盘面的制作。住宅配电盘一般用厚度为 15～20mm 的坚硬木板制作，四周要用厚度为 50mm 的木条嵌边，以免安装时配电盘背面的接线与建筑物相碰，具体尺寸如图 3 – 81 所示。配电盘面上器件的布置不仅要整齐美观，还要考虑接线方便。

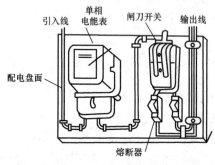

图 3 – 80　住宅配电盘

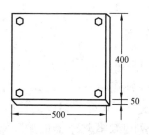

图 3 – 81　配电盘面

（2）单相电能表的接线。常用单相电能表的接线盒有四个接线端，自左向右按"①"、"②"、"③"、"④"编号。接线方法为"①"、"③"接进线，"②"、"④"接出线，如图 3-82 所示。有些电能表的接线方法特殊，具体接线时应以电能表所附接线图为依据。

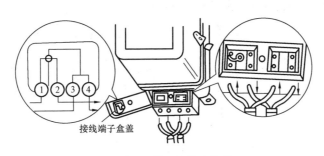

图 3-82　单相电能表接线

（3）配电盘的安装。配电盘应安装在不易受振动的墙上，盘面的下边缘距地面应为 1.5m 以上。对于木结构墙，可用木螺钉或铁钉将配电盘直接固定在墙上。对于砖墙或混凝土结构墙，则采用木楔来固定。安装时应注意，电能表与地面必须垂直，否则，将影响电能表计数的准确性。

4. 漏电保护器

漏电保护器有时也称为触电保安器，或漏电开关，实际上它是一种带有漏电保护装置的断路器。漏电保护器是一种灵敏度非常高的保护电器，只要有 10mA 的漏电电流，开关就会动作，切断电源，动作时间只有 0.1s。也就是说，即便发生了触电，在 0.1s 以内电源就会切断，不可能造成严重的触电事故。

（1）漏电保护器的选用。漏电保护器的选用应根据供电方式、使用目的、安装场所、电压等级、被控制回路的泄漏电流和用电设备的接触电阻值等因素确定。如家庭主要用于防止人身触电的漏电保护器，应选用二级二线式或单级二线式高灵敏度、快速型漏电保护器。常用的有 DZ47LE-32 系列，其型号含义如下：

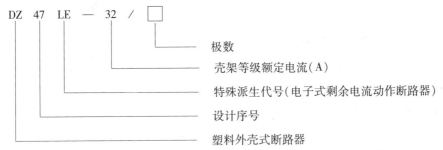

（2）漏电保护器的安装和接线。漏电保护器在安装前，首先应熟悉其铭牌标志，阅读其使用说明书，熟悉主回路、辅助电路、辅助触点等的接线位置，掌握操作手柄、按钮的开闭位置及动作后的复位方法。漏电保护器应严格按照产品说明书的规定安装，家庭用漏电保护器一般可装在电源进线处的配电板（箱）上，紧接在总熔断器之后，如图 3-83 所示。

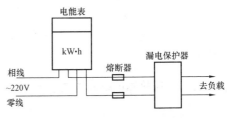

图 3-83　漏电保护器安装位置

三、低压电器线路的质量检查

室内线路和电器安装完后，必须进行全面、细致的检查，确认安装、接线正确无误后，才可通电运行。

安装质量的检查，主要包括外观检查、回路通断测试和绝缘电阻测量三项内容。

1. 外观检查

（1）检查导线、支持件和其他电气元件的型号、规格是否符合施工图的设计要求。

（2）检查瓷瓶、管道、铝片线卡、木台和电气设备的固定点是否符合设计要求，挡距是否恰当，器具就位是否准确，支持件、紧固件是否牢固，检查各种电器、灯具在安装时是否有损坏。

（3）对明敷线路，应先查看线路的分布和走向，线头的连接和线路分支等是否与图标相符。对暗敷线路，应先检查线头标记、导线绝缘层的色泽，判断接线有无差错。

（4）检查线头绝缘层的恢复情况，各线头均应包缠绝缘层，且绝缘性能应良好。检查时应着重查看有无包缠的裸线头，已包缠的线头，包缠工艺是否符合要求。

2. 回路通断测试

用万用表电阻挡检测各个回路的通断情况，判断有无错接和漏接。从配电板（箱）到开关进线接线桩的电路应导通。从开关进线接线桩到用电设备，开关接通时，线路应导通，电阻应趋近于零或极小；开关分断时，电阻应在数百千欧以上。检测用电设备的开关进线接线桩到零线之间的直流电阻，电阻值应等于用电设备单相直流电阻或者稍大（加上线路电阻）。在总开关断开时，各回路之间直流电阻值应趋近于∞。

3. 测量绝缘电阻

线路和用电设备的绝缘电阻，一般使用兆欧表来测量，包括相线与零线的绝缘电阻值，以及相线与保护接地线接地以前的绝缘电阻值。对于低压线路，其绝缘电阻值应不低于 $0.5M\Omega$。

第八节　电气照明线路常见故障分析

一般情况下，室内照明线路和照明灯具并不很复杂。但是，由于线路分布面较大，影响照明电路和照明灯具正常工作的因素很多，所以，掌握一定的分析故障的方法和排除故障的技能，是很有必要的。

一、分析和排除故障的有关技术资料

（1）配电系统图。

（2）电气设备安装接线图、工作原理图、设备使用说明书和其他有关技术资料。

（3）电源进线、各闸箱和配电盘的位置，闸箱内的设备安装情况，线路分支、走向和负荷情况。

二、检查故障的基本方法和步骤

1. 故障调查

处理故障前，应进行故障调查，向发生故障时的现场人员或操作人员了解故障前后的情

况，以便初步判断故障性质和故障发生的部位。

2. 直观检查

直观检查即通过感官的闻、听、看判断故障。

闻：有无因绝缘烧坏而发生的焦臭味。

听：有无放电等异常声响。

看：查看线路有无明显的异常现象，如导线是否破皮、相碰、断线、灯丝是否烧焦、烧断等。

3. 用仪器仪表测试

除了对线路、电气设备进行直观检查外，还应充分利用试电笔、万用表、试灯等进行测试。

4. 分支路、分段检查

对待查电路，可按支路或用"对分法"分段进行检查，以缩小故障范围，逐渐逼近故障点。

三、照明灯具常见故障分析

照明灯具常见故障分析可按图 3-84 流程图进行。

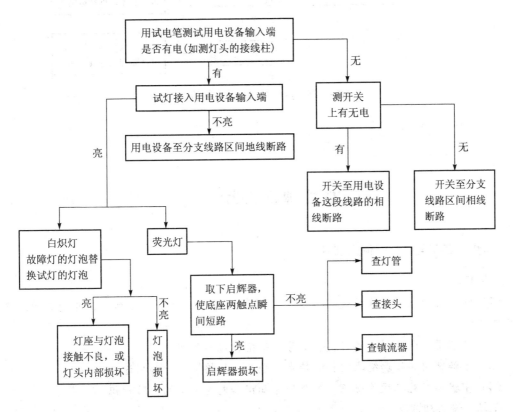

图 3-84 照明灯具常见故障分析流程图

四、照明线路常见故障分析

照明线路故障分析可按图 3-85 流程图进行。

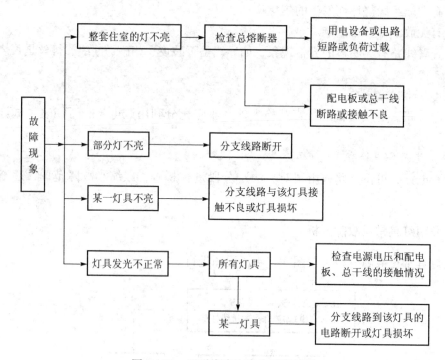

图 3-85　照明线路故障分析流程图

一、常用电工工具、仪表使用训练

训练目的

（1）掌握常用电工工具的使用方法，了解常用电工仪表的原理结构，并能正确地选择常用电工仪表。

（2）了解常用电工材料的种类、型号、规格、性能和用途。

（3）了解常用导线和绝缘材料的特点、型号、规格、性能和用途。

（4）掌握内线施工操作规程、安全用电知识和电气火灾的消防知识。

工具、设备和器件

低压验电器、钢丝钳、尖嘴钳、旋具（平口、十字口）、电工刀、活络扳手、剥线钳等常用电工工具，万用表、钳形电流表（公用）、兆欧表（公用）、单相电能表、三相电能表等常用电工仪表、常用电工材料等。

训练步骤与要求

（1）熟悉常用电工工具，了解其结构，能正确使用。

（2）熟悉常用电工仪表，了解其结构及使用方法。

（3）熟悉常用电工材料，了解其型号、规格、性能和用途。

（4）观看安全用电录像。

二、室内照明线路、常用低压电器、灯具的安装

训练目的

（1）了解低压照明电气系统图和平面图，学会按图准备施工材料（导线、敷设材料、低压电气、灯具等）。

（2）掌握室内低压线路的三种敷设方式（PVC阻燃线管、塑料线槽、护套线）。

（3）掌握导线的连接与绝缘层的恢复施工工艺。

（4）掌握常用低压电器（刀开关、熔断器、漏电保护器）、常用灯具（白炽灯、荧光灯）及灯具附件的安装。

（5）掌握单相电能表的安装与接线方法。

（6）掌握新装线路及灯具的安装质量检查方法与步骤。

（7）学会对新装线路通电运行。

工具、设备和器材

常用电工工具及常用电工仪表。器材如图3-86和图3-87所示的电器、导线、敷设材料、灯具、灯具附件、插座、单相电能表等。

训练步骤与要求

（1）按图3-86和图3-87所示要求，核对施工器材。

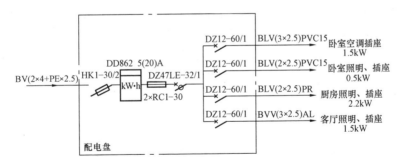

图3-86　模拟住宅照明配电系统图

（2）核算各支路导线截面是否符合要求。

（3）结合实训场地设计安装步骤和施工程序、工程进度（给指导教师检查）。

（4）按安装步骤和施工程序逐步进行安装（安装工艺、注意事项见教材相关章节）。

（5）安装完工后要对安装质量进行检查。

（6）检查合格后经教师同意才可接通电源，运行各灯具及家用电器。

模拟住宅照明安装实训的说明

（1）实训内容的安排主要从学生训练的角度考虑，与实际住宅照明线有一定的差异。

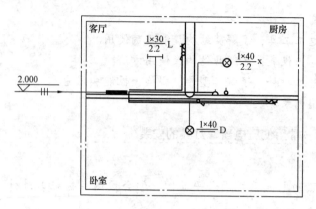

图 3 - 87　模拟住宅照明平面图

（2）模拟住宅的三个空间，若是木板结构，配电盘可直接安装在木板上。

（3）配电盘部分的电器连接线可采用 2.5mm^2 铜芯线，到各房间的配电应采用铝芯线，主要考虑降低实训成本。

三相异步电动机的维修

基本知识

随着科学技术、工农业生产的发展和电气化、自动化程度的不断提高，现代生产机械广泛应用电动机来拖动。由于异步电动机结构简单、运行可靠、维护方便及价格便宜，所以得到广泛的应用，其中小型异步电动机占所用电动机的一半以上。

为了保证电动机安全、可靠地运行，电动机必须定期进行维护与修理。修理电动机不仅要掌握电动机的维护知识，使其经常处于良好的运行状态，而且还要掌握异常状态的判断，故障原因的鉴别，以及正确迅速地进行修复的技能。这里着重介绍小型三相异步电动机的修理工艺及故障分析与处理。

第一节 电动机简介

一、电动机的基本类型

电动机通常分为两大类，一类是直流电动机，另一类是交流电动机。交流电动机按其转速与电源频率之间的关系，又分为同步电动机和异步电动机。异步电动机分单相和三相两大类。

单相异步电动机一般为1kW以下的小功率电动机，分为单相电阻起动、单相电容起动、单相电容运转、单相电容起动与运转和单相罩极式等，广泛应用于工业和日常生活的各个领域，尤其在电动工具、医疗器械、家用电器等领域使用得更多。

三相异步电动机按转子绕组型式分为笼型和绕线转子型两类，小型异步电动机大多为笼型；按尺寸分，有大型、中型和小型三种；按防护形式分，有开启式、防护式、封闭式三种；按通风冷却方式分，有自冷式、自扇冷式、他扇冷式、管道通风式四种；按安装结构形式分，有卧式、立式、带底脚、带凸缘四种；按绝缘等级分，有E级、B级、F级、H级；按工作定额分，有连续、断续、短时三种。J2、JO2系列为一般用途的小型三相笼型异步电动机，目前已被淘汰，由Y系列三相笼型异步电动机所取代。Y系列异步电动机具有效率高，节能，堵转转矩高，噪声低，振动小和运行安全可靠等优点，安装尺寸和功率等级符合IEC标准，系我国统一设计的基本系列。Y2系列三相异步电动机是Y系列电动机的更新产品，进一步采用了新技术、新工艺与新材料，机座中心高为63～355mm，功率等级为0.12～315kW，绝缘等级为F级，防护等级为IP54，具有低振动、低噪声、结构新颖、造型美观及节能节材等优点，达到了20世纪90年代国际先进水平。

二、三相异步电动机的铭牌

铭牌安装在电动机的外表面显著的位置，是电动机的主要标志元件。铭牌上载明电动机的简要数据，以便用户正确选择和使用电动机。在电动机维修时，铭牌数据是绕组重绕计算的重要依据，所以，我们必须正确地了解铭牌。

电动机制造厂按照国家标准，根据电动机的设计和试验数据而规定的每台电动机的正常运行状态和条件，称为电动机的额定运行。表征电动机额定运行情况的各种数值，如电压、电流、功率等称为电动机的额定值。额定值一般标记在电动机的铭牌或产品说明书上，常用下标"N"标记。三相异步电动机铭牌如图 4－1 所示。

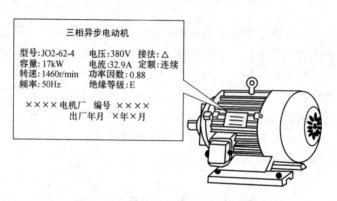

图 4－1　三相异步电动机的铭牌

为了适应不同用途和不同工作环境的需要，电动机制成不同的系列，每种系列用各种型号表示。三相异步电动机的型号主要由三部分构成，即产品代号、规格代号和特殊环境代号，型号的具体含义如下：

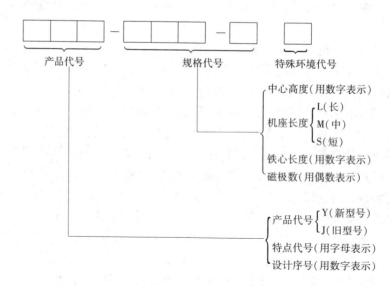

异步电动机产品代号意义见表 4－1。

表4-1 异步电动机产品代号意义

产品名称	产品代号	
	新代号	旧代号
异步电动机	Y	J、JO
绕线转子异步电动机	YR	JR、JRO
防爆型异步电动机	YB	JB、JBS
高起动转矩异步电动机	YQ	JQ、JQQ

中小型 Y 系列三相异步电动机的型号含义如下：

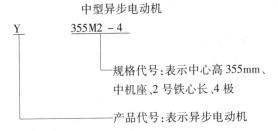

中型异步电动机

Y 355M2-4
规格代号：表示中心高355mm、中机座、2号铁心长、4极
产品代号：表示异步电动机

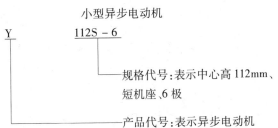

小型异步电动机

Y 112S-6
规格代号：表示中心高112mm、短机座、6极
产品代号：表示异步电动机

我国三相异步电动机主要有第二代产品 J2、JO2 系列和第三代产品 Y 系列及其派生产品，还有少量 20 世纪 90 年代生产的第四代产品 Y2 系列。

Y 系列三相异步电动机是一种新产品。Y2 系列三相异步电动机已广泛应用于机床、风机、水泵、压缩机等各类机械设备上。

三、绕组的联结方式

三相绕组可接成星形（Y）或三角形（△）连接。为了便于接线，将三相绕组的6个出线端引至接线盒中，三相绕组的始端标为 U_1、V_1、W_1，末端标为 U_2、V_2、W_2。在接线盒中的位置排列如图4-2所示。

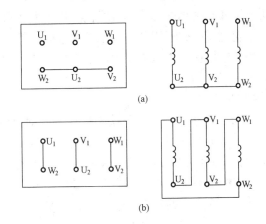

图4-2 三相定子绕组的连接方式
（a）星形（Y）连接；（b）三角形（△）连接

第二节 三相异步电动机的结构及定子绕组

一、三相异步电动机的结构

异步电动机由两个基本部分组成：固定部分（定子）、转动部分（转子）。图4-3所示为三相异步电动机的外形及结构分解图，其中定子由机座（铸铁或铸钢）、铁心（相互绝缘

的硅钢片叠成）和定子绕组三部分组成。转子也是由冲成槽的硅钢片叠成，槽内浇铸有端部相互短接的铝条，形成"笼型"，故这样的电动机称为笼型异步电动机。

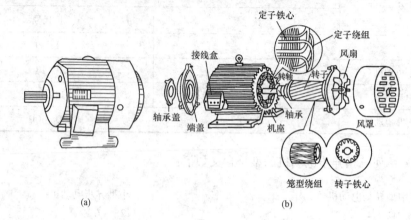

图 4-3　三相异步电动机的结构

（a）外形；（b）内部结构

1. 定子

定子由机座、铁心和绕组三部分组成。

（1）机座。机座的作用主要是固定和支撑定子铁心。中小型异步电动机一般采用铸铁机座，并根据不同的冷却方式而采用不同的机座型号。在机座内圆中固定着铁心。机座两端的端盖是支撑转子用的。轴承盖用于保护轴承。对于封闭式电动机，运行时产生的热量通过铁心传给机座，再从机座表面的散热片散发到空气中去。为了加强散热的能力，在机座的外表面有很多均匀分布的散热片，以增大散热面积。风扇起轴向通风散热作用。风扇罩起安全防护作用。

（2）定子铁心。定子铁心是异步电动机主磁通磁路的一部分。为了使异步电动机能产生较大的电磁转矩，因此，定子铁心由导磁性能好的、厚度为 0.5mm 且冲有一定槽形的硅钢片叠压而成，硅钢片表面涂有绝缘漆或氧化膜，片与片间相互绝缘，这样可以减少由于涡流造成的能量损失。铁心内圆冲有均匀分布的槽，在槽中安放绕组。

定子铁心上的槽形通常有三种：半闭口槽、半开口槽以及开口槽，如图 4-4 所示。从提高电动机的效率和功率方面考虑，半闭口槽最好，但绕组的绝缘和嵌线工艺比较复杂，所以，这种槽形适用于小容量和中型低压异步电动机。半开口槽的槽口等于或略大于槽宽的一半，它可以嵌放成形线圈，这种槽形适用于大型低压异步电动机。开口槽适用于高压异步电动机，以保证绝缘的可靠性和下线方便。

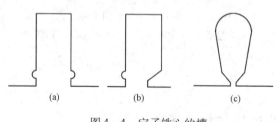

图 4-4　定子铁心的槽

（a）开口槽；（b）半开口槽；（c）半闭口槽

（3）定子绕组。定子绕组是异步电动机定子部分的电路，它由线圈按一定规律连接而成。

2. 转子

转子由转子铁心、转子绕组和转轴组成。

（1）转子铁心。转子铁心也是电动机主磁通磁路的一部分，一般由厚度为 0.5mm 冲槽的硅钢片叠成，铁心固定在转轴或转子支架上。

定子铁心与转子铁心都是由彼此绝缘的硅钢片叠成的圆筒形，但二者所处位置不同：定子铁心在外，转子铁心放置于定子铁心内，且定转子铁心间留有均匀的气隙，定子铁心装在机座内，转子铁心装在转轴上；另外定、转子铁心上的冲槽位置也不同。定子铁心内圆周表面冲有槽，用以放置定子绕组；而转子铁心外圆周表面冲有槽，用以放置转子绕组。

（2）转子绕组。转子绕组分为笼型和绕线式两种。

1）笼型绕组。笼型转子绕组是由嵌放在转子铁心槽内的铜导电条组成。因转子铁心的两端各有一个铜端环，分别把所有铜导电条的两端都焊接起来，形成一个短接回路，如果去掉铁心，只剩下它的转子绕组（包括导电条和端环），很像一个笼子，所以称为笼型转子，如图 4 - 5（a）所示。目前，中小型笼型电动机，大都是在转子槽中浇铸铝液而铸成笼型，它的端环也用铝液同时铸成，并且在端环上铸出许多叶片作为冷却用的风扇，如图 4 - 5（b）所示。这样，不但可以简化制造工艺和以铝代铜，而且，可以制成各种特殊形状的转子槽形和斜槽结构（即转子槽不与轴线平行而是歪扭一个角度），从而能改善电动机的起动性能，减少运行时的噪声。

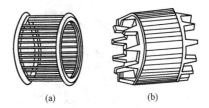

图 4 - 5 笼型转子

（a）铜条转子绕组；（b）铸铝转子

2）绕线式绕组。绕线式转子绕组与定子绕组一样，也是由绝缘导线做成的三相绕组。三相绕组通常接成星形，它的三个引出线接到三个集电环上。这三个集电环也固定在转轴上，并且集电环与集电环之间、滑环与转轴之间都相互绝缘，三相绕组分别接到三个集电环上，靠集电环与电刷的滑动接触，再与外电路的三相可变电阻器相接，以便改善电动机的起动和调速性能。

二、三相异步电动机定子绕组基础知识

1. 线圈和线圈组

（1）线圈。线圈是组成绕组的基本元件，用绝缘导线（漆包线）在绕线模上按一定形状绕制而成。其形状如图 4 - 6（a）、（b）所示。它的两直线段嵌入槽内，是机电能量转换部分，称线圈有效边；两端部仅为连接有效边的"过桥"，不能实现能量转换，故端部越长材料浪费越多；引线用于引入电流的接线。如图 4 - 7 所示是线圈嵌入铁心槽内的情况。

（2）线圈组。几个线圈顺接串联即构成线圈组，异步电动机中最常见的线圈组是极相组。它是一个极下同一相的几个线圈顺接串联而成的一组线圈，如图 4 - 8 所示。

2. 定子槽数和磁极数

（1）定子槽数 z。定子铁心上线槽总数称为定子槽数，用字母 z 表示。如图 4 - 7（a）、（b）中所示的就为电动机定子铁心上的槽。

（2）磁极数 $2p$。磁极数是指绕组通电后所产生磁场的总磁极个数，电动机的磁极个数总是成对出现，所以电动机的磁极数用 $2p$ 表示。异步电动机的磁极数可从铭牌上得到，也

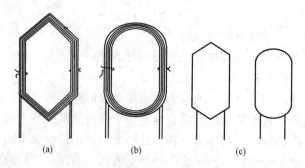

图4-6　常用线圈及简化画法

（a）菱形线圈；（b）弧形线圈；（c）简化画法

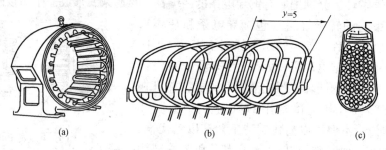

图4-7　单层绕组部分线圈嵌入铁心槽内

（a）立体图；（b）展开图；（c）有效边在槽内实际情况

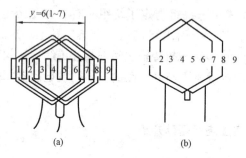

图4-8　一个极相组成线圈的连接方法

（a）连接方法；（b）展开图

可根据电动机转速计算出磁极数，即

$$2p = \frac{120f}{n_1}$$

式中　　f——电源频率；

　　　　p——磁极对数；

　　　n_1——电动机同步转速，即旋转磁场的转速。

$$n_1 = \frac{60f}{p}$$

3. 极距和节距

（1）极距 τ。极距是指沿定子铁心内圆，每个磁极所占有的槽数，常用 τ 表示，它等于

定子铁心中的总槽数（z）除以电动机磁极数（$2p$）。用公式表示为

$$\tau = \frac{z}{2p}$$

极距 τ（cm）也可以用长度表示，其公式为

$$\tau = \frac{\pi D_i}{2p}$$

式中　D_i——定子铁心内径。

例如，如图 4 - 9 所示是一台 24 槽 4 极（$p=2$）电动机局部展形图，极距 $\tau = 24 \div 4 = 6$（槽）。

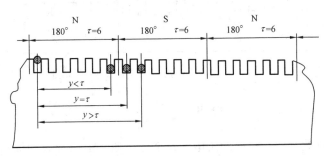

图 4 - 9　24 槽 4 极电动机局部展开图

（2）节距 y。节距也称跨距，是指一组线圈在铁心内的两边之间所跨占的槽数，常用 y 表示，根据它与极距 τ 的大小，线圈可分为三种：

当 $y = \tau$ 时，称为整距线圈；当 $y < \tau$ 时，称为短距线圈；当 $y > \tau$ 时，称为长距线圈。

例如，在图 4 - 9 中，若一只线圈的一条边在第 1 槽，另一条边在第 7 槽，中间相隔 6 槽（节距 $y=6$），即节距 y 等于极距 τ，则这个线圈为整距线圈。

若一只线圈的一条边在第 1 槽，另一条边在第 6 槽，中间相隔 5 槽（节距 $y=5$），即节距 y 小于极距 τ，则这个线圈为短路线圈。

若一只线圈的一条边在第 1 槽，另一条边在第 8 槽，中间相隔 7 槽（节距 $y=7$），即节距 y 大于极距 τ，则这个线圈为长距线圈。

4. 电角度、槽距角、每极每相槽数、相带和极相组

（1）电角度。电动机圆周在几何上分成 360°，这个角度称为几何角度即机械角度。从电磁观点来看，若磁场在空间按正弦波分布，则经过 N、S 磁极，恰好相当于正弦曲线的一个周期，如有导体去切割这种磁场，经过 N、S 磁极，导体中所感应的正弦电动势的变化亦为一个周期，变化一个周期即经过 360° 电角度，一对磁极占有的空间是 360° 电角度。若电动机有 p 对磁极，电动机圆周按电角度计算就为 $p \times 360°$，而机械角度总是 360°，因此 p 对磁极电角度 $= p \times$ 几何角度。

如图 4 - 10 所示为电角度与机械角度的关系

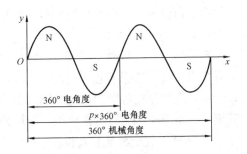

图 4 - 10　电角度与机械角度的关系图

示意图。

（2）槽距角α。槽距角α是指相邻槽之间的电角度。由于定子槽在定子内圆上是均匀分布的，若z为定子槽数，p为极对数，则槽距角为

$$\alpha = \frac{p \times 360°}{z}$$

例如，如图4-11为24槽4极（p=2）电动机局部展开图，从图中可以看出

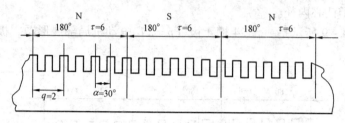

图4-11 24槽4极（p=2）电动机局部展开图

$$\alpha = \frac{p \times 360°}{z} = \frac{2 \times 360°}{24} = 30°$$

（3）每极每相槽数。在三相电动机中，每个磁极所占的槽数要均等地分配给三个绕组，每个极下每相所占的槽数称为每极每相槽数，用字母q表示，用公式表示为

$$q = \frac{z}{2pm} = \frac{\tau}{m}$$

式中　　m——相数；

　　　　τ——极距。

例如，图4-11中，$q = \frac{24}{2 \times 2 \times 3} = 2$。

（4）相带。每个磁极下每相绕组所占的区域称为相带。在三相绕组中，每个极距内分属U、V、W三相，每个极距为180°电角度，故每个相带为60°。三相异步电动机一般都采用60°相带的三相对称绕组。

（5）极相组。一个磁极下属于同一相的q个绕组元件按一定方式连接而成的线圈组称为极相组。同一个极相组中所有线圈的电流方向相同。

5. 线径与并绕根数

线径d是指绕制电动机时，根据安全载流量确定的导线直径。功率大的电动机所用导线较粗，当线径过大时，会造成嵌线困难，可用几根细导线替代一根粗导线（几根细导线的截面积总和应等于一根粗导线的截面积）进行并绕。其细导线根数就为并绕根数N。

6. 单层与双层绕组

单层绕组是在每槽中只放一个有效边，这样每个线圈的两有效边要分别占一槽。故整个单层绕组中线圈数等于总槽数的一半。

双层绕组是在每槽中用绝缘隔为上、下两层，嵌放不同线圈的各一有效边，线圈数与槽数相等，如图4-12所示是单层、双层槽内布置情况示意图。

7. 显极式接线和庶极式接线

电动机的定子绕组的连接方式分为显极式与庶极式（又称隐极式）两种接线方法。

（1）显极式接线。同相相邻极相组按"尾接尾"、"头接头"相连接称为显极式连接。其特点是相邻磁极的极相组里的电流方向相反，每相绕组的极相组数等于磁极数，如图4－13所示。

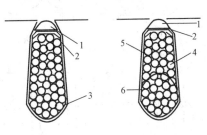

图4－12　单、双层槽内布置情况

1—槽楔；2—覆盖绝缘；3—槽绝缘；4—层

间绝缘；5—上层线圈边；6—下层线圈边

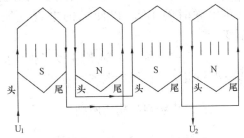

图4－13　显极式连接

（2）庶极式接线。同相相邻极相组按"尾接头"、"头接尾"相连接称为庶极式接线。其特点是所有极相组里的电流方向相同。庶极连接法中，每组线圈组不但各自形成磁极，而且相邻两组线圈组之间还形成磁极。可见，这种接法的极相组数为磁极数的一半，即每相绕组的极相组数等于磁极对数。如图4－14所示。由于采用庶极接法的绕组电气性能较差，现已很少采用。

极相组产生的磁极判断方法：如图4－15所示，假设某相绕组的任一引线为电流进线，把每极的极相组看成是大大小小的螺旋管，右手顺电流进入方向握极相组，四指指向电流方向，那么拇指所指的方向即为N极。如果判断拇指指向转子，即产生N极；若拇指指向机壳处，即产生S极。

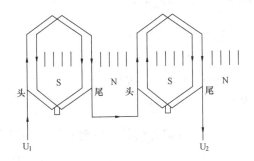

图4－14　庶极式接线

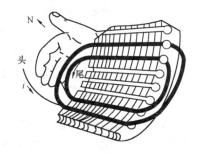

图4－15　绕组极性的判断方法

如是两极电动机，某个绕组的第1个极相组产生的是N极，那么依次第2个极相组应产生S极，如果第2个线圈组还产生N极，那么就表示两个极相组之间接反。对于4极电动机，4个极相组应该是NSNS或者SNSN，如果出现NNSS或SSNN，说明这4个极相组接反。

8. 并联支路数

图4－16（a）是24槽4极三相异步电动机U相绕组的一种连接方法，U组的4个线圈采用显极法进行反串连接，此时，该绕组是一路串联的，并联支路数为$a = 1$。

如果将4个线圈反串联连接改为两路并联，如图4－16（b）所示，此时，该绕组的并

联支路数为 $a=2$。应注意的是，槽内电流方向应该与一路串联完全一致，并且每槽导线根数为单路串联时的 2 倍，而导线截面积则减小为一路串联时的 1/2，以使总的电气性能保持不变。

如图 4-17 所示为 24 槽 4 极三相异步电动机三组绕组圆形接线参考图。

三、三相绕组的构成原则

三相绕组的构成应遵循以下原则。

（1）每个极内的槽数（线圈数）要相等，各相绕组在每个极内所占的槽数应相等。

（2）每相绕组在每对极下的排列顺序按 U_1、W_2、V_1、U_2、W_1、V_2 分布，这样，各相绕组线圈所在的相带 U_1、V_1、W_1 或 U_2、V_2、W_2 的中心线恰好相差 $120°$ 电角度。如槽距角为 α，则相邻两相错开的槽数为 $120/\alpha$。

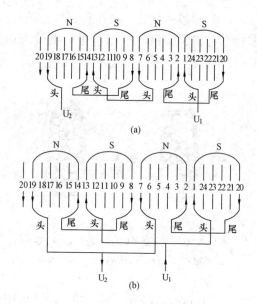

图 4-16　并联支路数
（a）一路串联；（b）两路并联

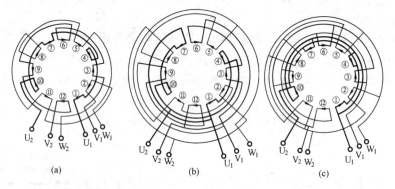

图 4-17　24 槽 4 极三相异步电动机绕组圆形接线参考图
（a）并联支路数 $a=1$；（b）并联支路数 $a=2$；（c）并联支路数 $a=4$

（3）从三相正弦交流电波形图中可以看出，除电流为零值外的任何瞬时，都是一相为正，两相为负；或两相为正，一相为负。

（4）只要保持定子铁心槽内电流分布情况不变，则产生的磁场也不会改变，因此，分别把属于各相导体顺着电流方向连接起来，便得到三相对称绕组。

（5）三相绕组一般采用 $60°$ 相带，即三相有效边在一对磁场下均匀地分为 6 个相带。

四、三相绕组的排列方法

1. 计算基本参数

每极每相槽数 $q=\dfrac{z}{3\times 2p}$

槽距角 $\alpha = \dfrac{180° \times 2p}{z}$

2. 编写槽号

编号从第一槽开始顺序编号。

3. 划分相带

取 q 个槽为一个相带，相带按 $U_1 - W_2 - V_1 - U_2 - W_1 - V_2$ 的顺序循环排列。

4. 标定电流参考方向

把 U_1、V_1、W_1 相带电流正方向选定为指向上方，则 U_2、V_2、W_2 相带电流正方向指向下方。即相邻相带的电流正方向上、下交替。

5. 作绕组表

槽号													
相带													

6. 排列实例

如图 4－18 所示是 3 个三相绕组分相带、相电流的排列情况。取不同的极数和槽数，以利于观察其规律。

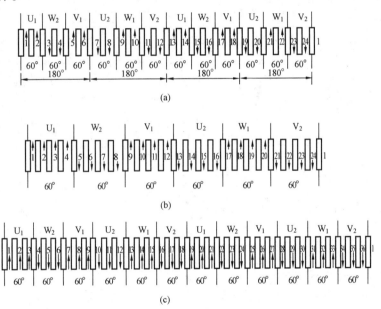

(a)

(b)

(c)

图 4－18　定子绕组有效边相带分布及各相电流正方向
（a）三相 4 极 24 槽；（b）三相 2 极 24 槽；（c）三相 4 极 36 槽

只要按上述排列方法，可使 U_1 相带各槽导体流入 U 相电流；V_1 相带各槽导体流入 V 相电流；W_1 相带各槽导体流入 W 相电流，而 U_2 相带、V_2 相带和 W_2 相带对应的各槽导体分别流出 U 相、V 相和 W 相电流，即可满足绕组空间对称的规则。

五、三相异步电动机绕组展开图

在电动机维修时，经常会遇到线圈烧毁的现象，需要重新绕制线圈，在拆卸旧绕组之前，必须弄清楚它原来是怎样绕制的，画出定子绕组的展开图。那么，什么是展开图呢？

绕组展开图是假设将定子从某齿中心线沿轴向剖开而展开成一个平面的绕组连接图。将这种立体的位置关系画在纸上，在平面上表示出来，就称为绕组展开图。也就是说，展开图是电动机原绕组情况的记录，也是线圈重绕后嵌放位置的依据，只有看懂展开图，才能保证正确的嵌线和接线。

三相异步电动机的绕组有单层绕组、双层绕组、单双层混合绕组、分数槽线组等多种形式，下面分别介绍前两种常用的绕组连接方法。

每个槽内仅嵌入一个线圈边的绕组称为单层绕组。这种绕组槽内无需层间绝缘，且不存在相间短路的可能性。整个绕组的线圈数只有槽数的一半，每个槽中只嵌放线圈的一个有效边，线圈数量少。其缺点是电气性能较差，只适用于小型的三相异步电动机中。

在保持电流分布不变的情况下，端部连接的方法可以不同，因而就构成了不同形式的单层绕组，如同心、链形及交叉式链形等几种形式的绕组。

1. 单层同心绕组

单层同心绕组是由几只宽度不同的线圈套在一起，同心地串联而成的，有大小线圈之分，大线圈总是套在小线圈外边，线圈轴线重合，故称同心绕组，如图 4-19 所示。

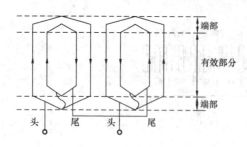

图 4-19　单层同心绕组

同心式绕组的特点是线圈组中各线圈节距（y）不等，优点是线圈端部互相错开，重叠层数较少，便于布置、散热较好；缺点是线圈大小不等，绕线不便。单层同心式绕组主要用于每极每相槽数较多的 2 极小型电动机。

下面以 24 槽 2 极（$p=1$）三相异步电动机为例进行说明。

（1）计算绕组数据。

根据 $\tau=\dfrac{z}{2p}$ 可知，极距 $\tau=\dfrac{24}{2\times1}=12$（槽）

根据 $q=\dfrac{z}{2pm}$ 可知，每极每相槽数 $q=\dfrac{24}{2\times1\times3}=4$

根据 $\alpha=\dfrac{p\times360°}{z}$ 可知，槽距角 $\alpha=\dfrac{1\times360°}{24}=15°$

（2）绕组平面展开图分析。

将线圈边 3—14 组成一个大线圈，节距 $y_1=11$，线圈边 4—13 组成一个小线圈，节距 $y_2=9$，大小线圈套在一起顺电流方向串联起来，构成一个线圈组，同理，线圈边 15—2 组成大线圈，16—1 组成小线圈，两线圈串联便构成另一线圈组，再将这两个线圈组顺电流方向串联起来，便得到 U 相同心绕组展开图，如图 4-20 所示。绕组的进出线端分别用 U_1、U_2 表示。

第二相引出线 V_1 应与 U_1 相差 120°电角度，由于槽距角 $\alpha=15°$，所以，V_1 应与 U_1 相隔 $\dfrac{120°}{15°}=8$ 槽，V_1 应放在第 11 号槽（因 U_1 在第 3 号槽），同理，W_1 与 V_1 相隔 $\dfrac{120°}{15°}=8$ 槽，W_1 应放在第 19 号槽。将 V、W 两相绕组的线圈作 U 相线圈相同的排列和连接，就可以得到如图 4-21 所示的三相单层线组的展开图。

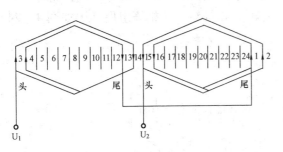

图 4-20 U 相绕组

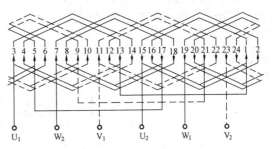

图 4-21 2 极 24 槽三相异步电动机同心绕组

为了便于理解绕组展开图，可按下述方法画出绕组端面图，具体的画法为：根据电动机极数是 2，可将槽数 2 等分，每极占 12 槽，也就是极距为 12 槽。因三相绕组每极距内有三个相带，故每个相带有 4 个槽。根据电流"一相为正，两相为负，或两相为正，一相为负"的规律可知，如果规定 U_1、V_1 为"$\oplus$"，则 W_1 为"$\odot$"，据此，画出绕组端面图如图 4-22 所示。

2. 链式绕组

链式绕组是由相同节距的线圈组成的，如图 4-23 所示。对于三相单层链式绕组，其线圈端部彼此重叠，并且绕组各线圈宽度相同，因而制作绕线模和绕制线圈都比较方便。链式绕组在 4 极或 6 极小型异步电动机中得到了广泛应用。下面以 4 极（$p=2$）24 槽三相异步电动机为例，介绍其绕组及嵌线方法。

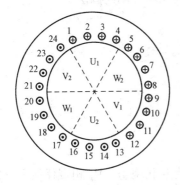

图 4-22 2 极 24 槽绕组分布端面图

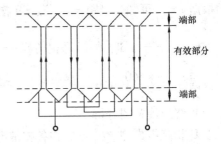

图 4-23 链式绕组

（1）计算绕组数据。

根据 $\tau = \dfrac{z}{2p}$ 可知，极距 $\tau = \dfrac{24}{2 \times 2} = 6$ 槽

根据 $q = \dfrac{z}{2pm}$ 可知，每极每相槽数 $q = \dfrac{24}{2 \times 2 \times 3} = 2$

根据 $\alpha = \dfrac{p \times 360°}{z}$ 可知，槽距角 $\alpha = \dfrac{2 \times 360°}{24} = 30°$

（2）绕组展开图分析。

以 U 相为例，U_1 相带和 U_2 相带任何一槽的线圈边都可以组成一线圈，当 U 相的 8 个

槽中的线圈边组成2—7、8—13、14—19、20—1四个线圈时，线圈的端部较短，此时线圈的节距为5。根据线圈中的电流流动方向，连接好U相绕组，U相绕组展开图如图4-24所示。

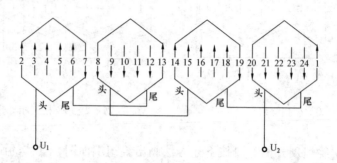

图4-24 U相绕组展开图

第二相引出线V_1应与U_1相差120°电角度，由于槽距角$\alpha = 30°$，所以，V_1应与U_1相隔$\frac{120°}{30°} = 4$槽，V_1应放在第6号槽（因U_1在第2号槽），同理，W_1与V_1相隔$\frac{120°}{30°} = 4$槽，W_1应放在第10号槽。将V、W两相绕组的线圈作与U相线圈相同的排列和连接，就可以得到三相链式绕组展开图。

3. 交叉链式绕组

交叉链式绕组主要用于每极每相槽数q为奇数的4极或2极三相异步电动机定子绕组中，下面以4极36槽电动机为例，说明定子交叉链式绕组展开图的画法。

（1）计算绕组数据。

根据$\tau = \frac{z}{2p}$可知，极距$\tau = \frac{36}{2 \times 2} = 9$槽

根据$q = \frac{z}{2pm}$可知，每极每相槽数$q = \frac{36}{2 \times 2 \times 3} = 3$

根据$\alpha = \frac{p \times 360°}{z}$可知，槽距角$\alpha = \frac{2 \times 360°}{36} = 20°$

（2）绕组展开图分析。

以U相绕组为例，根据U相各相带电流方向，连接U相绕组，U_1相带任何一槽线圈边与U_2相带任何一槽的线圈边都可组成一个线圈，但考虑到节距尽可能短，故可将线圈边2—10和3—11组成两个连接在一起的大线圈，节距$y_1 = 8$；线圈边12—19组成一个小线圈，节距$y_2 = 7$；再将线圈边20—28和21—29组成两个连接在一起的大线圈，30—1组成另一个小线圈。将U相4个大小不同的线圈沿电流方向串联起来，便得U相绕组展开图，如图4-25所示。

从图可见，线圈间采用的是尾、尾相连，头、头相接的连接规律，称作反串法。它的大小线圈在端部是交叉的，故称交叉链式绕组。

V相、W相绕组的连接规律与U相相同，不过三相绕组首端U_1、V_1、W_1（或末端U_2、V_2、W_2）引出线应依次间隔120°电角度，根据每槽距角20°，则三相首端依次间隔120/20 = 6槽。从图4-25可见，U相首端U_1从2号槽引出，则V相首端V_1应从8（即2+6）号槽引

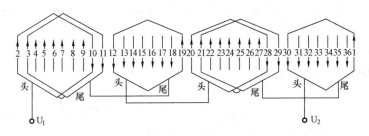

图 4 – 25　交叉链式绕组 U 相展开图

出，W 相首端 W_1 应从 14 （即 8 ＋6） 号槽引出，尾端照此类推，便得三相单层交叉链式绕组展开图。

4. 双层绕组

双层绕组是每个线圈内有上、下两条线圈边，每个线圈的一条边如果在某一个线槽的上层，另一边则放在相隔节距 y 槽的下层，整个绕组的线圈数等于槽数，每个线圈形状相同，节距相等。

双层绕组根据端部连接方式的不同分为叠绕组及波绕组。在 10kW 以上的中小型电动机中，绝大部分定子都采用双层叠绕组，中型绕线转子则采用双层波绕组。

双层绕组具有以下几个特点。

（1） 节距 y，一般取 $y = \frac{5}{6}\tau$ 或 $\frac{4}{5}\tau$，这种短节距绕组既可以改善电动机性能，又可以节省绕组端部的用铜量，故目前 10kW 以上的电动机几乎都采用这种双层短节距绕组。

（2） 绕组端部排列方便，整齐美观。特别是较大容量的电动机，导线较粗，如仍用单层绕组，则端部排列相当困难。

（3） 每相线圈数较多，可以组成两条以上的并联支路。这一点对大容量低转速电动机特别重要，因为它可以不必用过粗的导线绕制线圈。

（4） 双层绕组每一槽上、下层可能属于同一相的两个不同线圈边，也可能不属于同一相的线圈边，因此，层间电压较高，有发生相间短路的可能，故需可靠层间绝缘。

（5） 总线圈数较多，嵌线较费工时。

总之，对大中型电动机来说，双层绕组的优点是主要的，因此，得到了广泛的应用。下面以 4 极 36 槽三相异步电动机为例，说明双层叠绕组展开图及其嵌线方法。

（1） 计算绕组数据。

根据 $\tau = \frac{z}{2p}$ 可知，极距 $\tau = \frac{36}{2 \times 2} = 9$ 槽

根据 $q = \frac{z}{2pm}$ 可知，每极每相槽数 $q = \frac{36}{2 \times 2 \times 3} = 3$

根据 $\alpha = \frac{p \times 360°}{z}$ 可知，槽距角 $\alpha = \frac{2 \times 360°}{36} = 20°$

取 $y = \frac{5}{6}\tau$，则 $y = \frac{5}{6}\tau = \frac{5}{6} \times 9 = 7.5$

节距 y 取 7 槽或 8 槽都可以，在这里，取 $y = 7$ 槽。

（2） 绕组展开图分析。

双层叠绕组的线圈组成原则和单层绕组一样，但由于双层绕组的线圈边数是单层绕组的2倍，所以，同一相的线圈组数也增加为2倍。由于单层绕组每槽只有一个线圈边，组成线圈组的两组线圈边必须一一对应，相差180°电角度。但在双层绕组中，没有这种限制，因为组成线圈组的线圈其边间的距离决定于所选定的节距 y。

下面以 U 相绕组为例，说明画展开图方法。U 相绕组的上层槽号为 1、2、3，10、11、12，19、20、21，28、29、30。根据线圈节距 $y = 7$，故 1 号槽上层边与 8 号槽下层边组成一个线圈，2 号槽上层边与 9 号槽下层边组成一个线圈，3 号槽上层边与 10 号槽下层边组成一个线圈，将 3 个线圈沿电流方向串起来构成一个线圈组，其余依次类推。将 10、11、12，19、20、21，28、29、30 号槽线圈分别构成另外三个线圈组。可见，双层绕组的每相线圈组数等于磁极数（2p）。将 U 相 4 个线圈组采用"头接头、尾接尾"的反串连接起来，便得 U 相绕组展开图，如图 4 - 26 所示。槽中的实线表示上层边，虚线表示下层边。

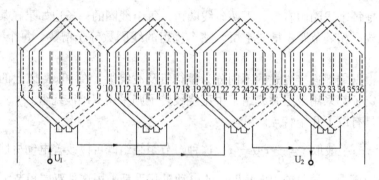

图 4 - 26　双层叠绕组 U 相展开图

V 相、W 相绕组的连接规律与 U 相完全相同。不过要注意 U、V、W 三相绕组的出线端要相互间隔120°电角度，根据槽距角 $\alpha = 20°$，则三相首端 U_1、V_1、W_1 要间隔 $\dfrac{120°}{20°} = 6$ 槽，若 U 相首端 U_1 从 1 号槽引出，则 V 相、W 相绕组首端 V_1、W_1 分别从 7 号和 13 号槽引出。便得三相双层短距叠绕组展开图，如图 4 - 27 所示。

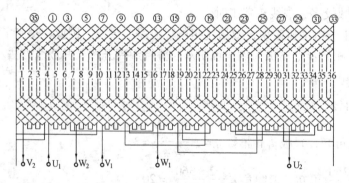

图 4 - 27　三相双层短距叠绕组展开图

第三节 三相异步电动机的拆装与维护

对电动机进行定期保养、维护和检修时，首先需要将其拆装。因此，正确拆装电动机是确保维修质量的前提。在学习维修电动机时，应优先学会正确的拆装技术。

一、三相异步电动机的拆卸

1. 拆卸前的准备

（1）切断电源，拆开电动机与电源连接线，并做好与电源线相对应的标记，以免恢复时搞错相序。

（2）备齐拆卸工具，特别是拉具、套筒等专用工具。

（3）熟悉被拆电动机的结构特点及拆装要领。

（4）测量并记录联轴器或传动带轮与轴台间的距离。

（5）标记电源线在接线盒中的相序、电动机的出轴方向及引出线在机座上的出口方向。

（6）在端盖和机座连接处要做上标记，装回复原按标记回位，以免影响机械性能。

2. 拆卸步骤

按如图4-28所示，简述拆卸步骤。

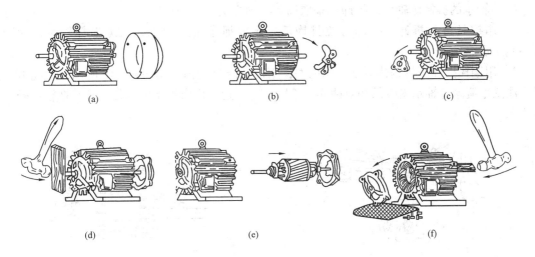

图4-28 电动机拆卸步骤

（1）卸传动带轮或联轴器，拆电动机尾部风扇罩。

（2）卸下定位键或螺钉，并拆下风扇。

（3）旋下前后端盖紧固大螺钉，并拆下前轴承外盖。

（4）用木板垫在转轴前端，将转子连同后端盖一起用锤子从止口中敲出。

（5）抽出转子。在抽出转子时，注意一定不能碰伤定子线圈。

（6）最后拆卸前后轴承及轴承内盖。

3. 主要部件的拆卸方法

（1）传动带轮（或联轴器）的拆卸。先在传动带轮（或联轴器）的轴伸端（联轴端）做好尺寸标记，然后旋松传动带轮上的固定螺钉或敲去定位销，给传动带轮（或联轴器）的内孔和转轴结合处加入煤油，稍等后，再用拉具将传动带轮（或联轴器）缓慢拉出，如图 4－29 所示。若拉不出时，可用喷灯急火在传动带轮外侧轴套四周加热，加热时需用石棉或湿布把轴包好，并向轴上不断浇冷水，以免使其随同外套膨胀，影响传动带轮的拉出。

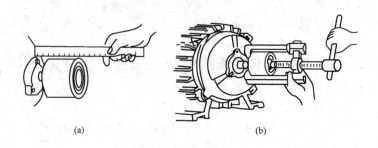

(a)　　　　　　　　　　　　(b)

图 4－29　拆卸传动带轮

（a）传动带轮的位置标法；（b）用拉具拆卸传动带轮

注意：加热温度不能过高，时间不能过长，以防变形。

（2）轴承的拆卸。轴承的拆卸可采取以下三种方法。

1）用拉具进行拆卸。拆卸时拉具钩爪一定要抓牢轴承内圈，以免损坏轴承，如图 4－30 所示。

2）用铜棒拆卸。将铜棒对准轴承内圈，用锤子敲打铜棒，如图 4－31 所示。用此方法时要注意轮流敲打轴承内圈的相对两侧，不可敲打一边，用力也不要过猛，直到把轴承敲出为止。

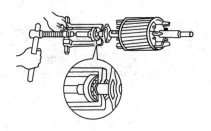

图 4－30　用拉具拆卸轴承

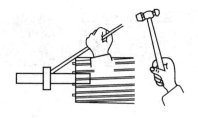

图 4－31　敲打拆卸轴承

在拆卸端盖内孔轴承时，可采用如图 4－32 所示的方法，将端盖止口面向上平稳放置，在轴承外圈的下面垫上木板，但不能顶住轴承，然后用一根直径略小于轴承外圈的铜棒或其他金属管抵住轴承外圈，从上往下用锤子敲打，使轴承从下方脱出。

3）铁板架住拆卸。用两块厚铁板架住轴承内圈，铁板的两端用可靠支撑物架起，使转子悬空，如图 4－33 所示，然后在轴上端面垫上厚木板并用锤敲打，使轴承脱出。

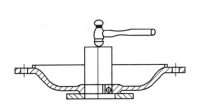

图4-32 拆卸端盖内孔轴承

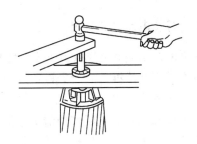

图4-33 铁板架住拆卸轴承

（3）抽出转子。在抽出转子之前，应在转子下面气隙和绕组端部垫上厚纸板，以免抽出转子时碰伤铁心和绕组。对于小型电动机的转子可直接用手取出，一手握住转轴，把转子拉出一些，随后另一手托住转子铁心渐渐往外移，如图4-34所示。

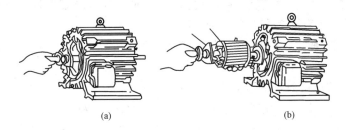

(a)　　　　　　　　　　　(b)

图4-34 小型电动机转子的拆卸

在拆卸较大的电动机时，可两人一起操作，每人抬住转轴的一端，渐渐地把转子往外移，如图4-35所示。

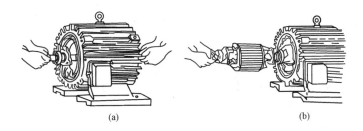

(a)　　　　　　　　　　　(b)

图4-35 中型电动机转子的拆卸

对大型的电动机必须用起重设备吊，如图4-36所示。

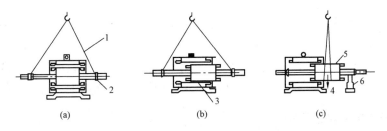

(a)　　　　　　　(b)　　　　　　　(c)

图4-36 用起重设备吊出转子

1—钢丝绳；2—衬垫（纸板或纱头）；3—转子铁心可搁置在定子铁心上，
但切勿碰到绕组；4—重心；5—绳子不要吊在铁心风道里；6—支架

二、异步电动机的装配

异步电动机的装配顺序按拆卸时的逆顺序进行。装配前各配合处要先清理除锈。装配时，应将各部件按拆卸时所做标记复位。

1. 滚动轴承的安装

将轴承和轴承盖先用煤油清洗，清洗后应检查轴承有无裂纹、内外轴承环有无裂纹等。再用手转动轴承外圈，观察其转动是否灵活、均匀。

如果不需要更换轴承，再将轴承用汽油洗干净，用清洁的布擦干。

如果需要更换轴承，应将新的轴承置放在 70~80℃ 的变压器油中加热 5min 左右，等全部防锈油熔化后，再用汽油洗干净，用洁净的布擦干。

轴承清洗干燥后，按规定加入新的润滑脂。要求润滑脂洁净、无杂质和水分，加入轴承时应防止外界的灰尘、水和铁屑等异物落入。同时，要求填装均匀，不应完全装满。

轴承装套到轴颈上有冷套和热套两种方法。

（1）冷套法。把轴承套到轴上，对准轴颈，用一段铁管（内径略大于轴颈直径，外径略小于轴承内圈的外径）的一端顶在轴承内圈上，用铁锤敲打另一端，缓慢地敲入。

（2）热套法。轴承可放在变压器油中加热，温度为 80~100℃，加热 20~40min。温度不能太高，时间不宜过长，以免轴承退火。加热时，轴承应放在网孔架上，不与箱底或箱壁接触，油面淹没轴承，油应能对流，使轴承加热均匀。热套时，要趁热迅速把轴承一直推到轴肩，如果套不进，应检查原因。如果无外因，可用套筒顶住内圆用手锤轻轻地敲入。轴承套好后，用压缩空气吹去轴承内的变压器油。

2. 后端盖的安装

将轴伸端朝下垂直放置，在其端面上垫上木板，将后端盖套在后轴承上，用木槌敲打，把后端盖敲进去后，装轴承外盖。紧固内外轴承盖的螺栓时要逐步拧紧，不能先拧紧一个、再拧紧另一个。

3. 转子的安装

把转子对准定子内圆中心，小心地往里放，后端盖要对准与机座的标记，旋上后盖螺栓，但不要拧紧。

4. 前端盖的安装

将前端盖与机座标记对准，用木槌均匀敲击端盖四周，注意不可单边着力，并拧上端盖的紧固螺栓。

5. 风叶和风罩的安装

风叶和风罩安装完毕后，用手转动转轴，转子应转动灵活、均匀，无停滞或偏重现象。

6. 带轮或联轴器的安装

安装时，要注意对准键槽或止紧螺钉孔。中小型电动机，在带轮或联轴器的端面上垫上木块用手锤打入。若打入困难时，应在轴的另一端垫上木块顶在墙上再打入带轮或联轴器。

三、三相异步电动机的维护

1. 起动前的准备与维护

（1）检查电动机及起动设备接地装置是否可靠和完整，接线是否正确，接触是否良好。

（2）检查电动机铭牌所标的电压、频率与电源电压是否相符，三相电源电压是否过高、过低或不对称等。

（3）新安装或停用三个月以上的电动机，起动前应检查它的绝缘电阻。对额定电压为380V 的电动机，采用 500V 兆欧表（绝缘电阻表）测量，绝缘电阻应大于 0.5MΩ。对于 Y 系列电动机，绝缘电阻应不小于 1MΩ。

（4）对绕线式转子电动机，应检查集电环上的电刷及提刷装置是否正常，电刷压力是否合适，其压力应为 $1.5 \sim 2.5 \text{N/cm}^2$。

（5）检查轴承是否有油，滑动轴承是否达到规定油位；对滚动轴承应达到规定的油量。检查电动机紧固螺钉是否拧紧，电动机能否自由转动，有无卡位、窜动和不正常的声音等。

（6）检查电动机内部有无杂物，可用压缩空气或吹风机将其吹净。

（7）检查电动机所用熔丝的额定电流是否符合要求，安装是否牢固、可靠。

上述各项检查完毕后，方可起动电动机。

2. 起动时的注意事项

（1）合闸后，若电动机不转，应迅速、果断地拉闸，以免烧毁电动机。

（2）电动机起动后，应注意观察电动机、传动装置、生产机械及线路电压表和电流表。若有异常现象，应立即停机，查明故障并排除后，方能重新合闸起动。

（3）按电动机的技术要求，限制电动机连续起动的次数。对于 Y 系列电动机，一般空载连续起动不得超过 3~5 次。电动机长期运行至热态，停机后又起动，不得连续超过2~3次。否则，容易烧坏电动机。

3. 运行中的维护

（1）电动机应经常保持清洁，进风口和出风口必须保持畅通，不允许有水滴、油污或铁屑等杂物落入电动机内部。

（2）在正常运行时，电动机的电流不得超过铭牌上的额定电流；三相电流中任一相电流值与其三相平均值相差不允许超过10%；对 Y 系列电动机，空载时不超过 10%，中载以上时不超过 5%。

（3）经常检查电源电压、频率是否与铭牌相符，同时检查电源三相电压是否对称。对 Y 系列电动机，电源电压与额定电压的偏差不超过 ±5%；三相电压不平衡度不超过 1.5%。

（4）经常检查电动机各部分最高温度和最大允许温升是否符合表 4-2 规定的数值，如条件允许，则应对温升采取有效的监视措施。

表 4-2 　　　　　　　　　　三相异步电动机的最高允许温升

（环境温度为40℃ 时）　　　　　　　　　　　　　　　　　（℃）

绝缘等级 测量方法 电动机部位		A 级		E 级		B 级		F 级		H 级	
		温度计法	电阻法	温度计法	电阻法	温度计法	电阻法	温度计法	电阻法	温度计法	电阻法
定子绕组		55	60	65	75	70	80	85	100	105	125
转子绕组	绕线式	55	60	65	75	70	80	85	100	105	125
	笼型										
定子铁心		60		75		80		100		125	

绝缘等级 测量方法 电动机部位	A级		E级		B级		F级		H级	
	温度计法	电阻法	温度计法	电阻法	温度计法	电阻法	温度计法	电阻法	温度计法	电阻法
集电环	60		70		80		90		100	
滑动轴承	40		40		40		40		40	
滚动轴承	55		55		55		55		55	

（5）注意电动机的气味、振动和异常声音。异常声音及故障判别见表4-3。

表4-3　　　　　　　　　　　　异常声音、故障判别及处理

声音种类	异常声特点	故障判别及处理
轴承声	1. 轴承外圈声"咝咝"声，声音中含有与转速无关的不规则金属声 2. 滚柱碰击声　低速或电动机停机前发出清楚的"喀通"声 3. 滚擦声"沙沙"声，与轴承载荷无关 4. 伤痕声 （1）"咕噜"声，其周期与转速成正比 （2）不连续的"梗、梗"声 5. 杂质声　声小而不规则，与转速无关，但也会产生"咕噜"声	1. 润滑脂过少，补充润滑脂 2. 不是故障 3. 补充润滑油（脂） 4.（1）轴承的滚珠或滚柱表面有伤痕。若轴承过热，则应更换 （2）轴承的内外圈可能破裂，应及时换轴承 5. 轴承中侵入杂质，当听到"咕噜"声时，应清洗轴承，防止杂质混入
电磁声	1. 起动不良，发出"嗡嗡"吼声，频率为电源频率的2倍或1倍 2. 电动机不能起动，发出"嗡嗡"声 3. 电动机起动转矩减少，有时无法起动，并发出"嗡嗡"吼声，振动大 4. 电动机起动时产生"嗡嗡"吼声和振动 5. 绕线转子电动机不能加速至全速，常在1/2同步转速下运行而发出"嗡嗡"吼声 6. "哒哒"声	1. 气隙不均匀　应对端盖位移、基础下沉引起的底座变形和轴承磨损进行检查 2. 定子绕组可能断线，停机检查，检查电动机端电压是否平衡 3. 可能有一相绕组的头尾颠倒 4. 定子或转子绕组短路或发生两点接地 5. 转子绕组一相断线 6. 可能铁心松动所产生的中频齿谐波声
与负载机械连接的部件产生的声音	1. 联轴器或带轮与键发生的撞击声——"哒哒"声 2. 其他撞击声 3. 传动带打滑发出的"嗒、嗒"声	1. 联轴器或带轮与转轴配合过松 2. 联轴器螺栓磨损与变形产生的撞击声；齿轮式联轴器的润滑油不足及其齿磨损产生的撞击声 3. 传动带松弛与磨损，传动带与带轮打滑

（6）对绕线式转子电动机，应检查电刷与集电环间的接触压力、磨损及火花情况。如发现火花时，则应清理集电环表面，并校正电刷压力。

4. 三相异步电动机的定期维修

定期维修可分为小修和大修两种。小修属于一般检修，通常一季度一次，小修时对电动机和起动设备不作大的拆卸。主要检查项目见表4-4。

表4-4　小 修 项 目

项　目	检 修 内 容
清理电动机	1. 清除电动机外部的污垢 2. 测量绝缘电阻
检查和清理电动机接线部分	1. 清理接线盒污垢 2. 检查接线部分螺钉是否松动、损坏 3. 拧紧螺母
检查各固定部分螺钉和接地线	1. 检查地脚螺钉、端盖螺钉是否紧固 2. 检查轴承盖螺钉是否松动 3. 检查接地是否良好
检查传动装置	1. 检查传动装置是否可靠，传动带松紧适中否 2. 检查传动装置有无损坏
检查轴承	1. 检查轴承是否缺油或漏油 2. 检查轴承有无杂声以及磨损情况
检查集电环	1. 检查集电环表面是否有异常磨损、圆度情况、有无局部变色及火花痕迹程度 2. 检查集电环绝缘轮毂绝缘螺栓上的碳粉敷着程度
检查电刷和刷架	1. 检查电刷石墨部分磨损、刮伤、龟裂、凹痕和接触情况 2. 检查电刷引线有无断线，接线部分是否松动 3. 检查弹簧的破损、固紧与弹簧压力情况
检查和清理起动设备	1. 清除外面尘垢。擦净触头，检查有无烧损 2. 检查接地线是否可靠 3. 测量绝缘电阻

大修应全部拆卸电动机，进行彻底检查和清理，通常一年一次。主要检查内容见表4-5。

表4-5　大 修 项 目

项　目	检 修 内 容
清理电动机及起动设备	1. 清除表面及内部各部分的油泥、污垢 2. 清洗轴承
检查电动机及起动设备各种零部件	1. 检查零部件是否齐全及磨损情况 2. 检查轴承润滑油是否变质，是否需要增加或更换
检查电动机绕组有无故障	1. 检查有无接地、短路、断路现象 2. 转子有无断条 3. 绝缘电阻是否符合要求

续表

项　目	检　修　内　容
检查电动机定、转子铁心是否相擦	定转子是否有相擦痕迹，如有，应修正
检查起动和测量仪表及保护装置	1. 检查起动设备触头是否良好，接线是否牢固 2. 检查各种测量仪表是否良好 3. 检查保护装置动作是否正确
检查传动装置	1. 检查联轴器是否牢固 2. 检查连接螺钉有无松动 3. 检查传动带松紧程度
试车检查	1. 测量绝缘电阻 2. 检查安装是否牢固，各转动部分是否灵活 3. 检查电压、电流是否正常 4. 有无不正常的振动和噪声

第四节　三相异步电动机定子绕组的大修

电动机绕组是发生电气故障的主要部分，当定子绕组由于严重故障而无法局部修复时，就必须予以全部拆换。

一、电动机维修专用工具

专用电工工具是指电动机维修中的工具，包括嵌线工具、拆卸工具、拆线工具、绕线工具等。

1. 嵌线工具

在嵌线过程中必须使用专用工具，才能保证嵌线质量。常用的嵌线工具有以下几种。

（1）压线条。压线条又称捅条，是小型电动机嵌线时必须使用的工具。

压线条捅入槽口有两个作用：其一是利用楔形平面将槽内的部分导线压实或将槽内所有导线压紧，压部分导线是为了方便继续嵌线，而压所有导线是为了便于插入槽楔，封锁槽口；其二是配合划线片对槽口绝缘进行折合、封口。最好根据槽形的大小制成不同尺寸的多件，压线条整体要光滑，底部要平整，以免操作时损伤导线的绝缘和槽绝缘。

图 4 - 37　压线条

一般用不锈钢棒或不锈钢焊条制成，横截面为半圆形，并将头部锉成楔状，便于插入槽口中，如图 4 - 37 所示。

（2）划线片。划线片的形状如图 4 - 38 所示，一般长约 20cm、宽为 1～1.5cm、厚 0.3cm，一端略尖，呈刺刀状。划线片一般用毛竹或压层塑料板削制而成，也可用不锈钢在砂轮上磨制而成。划线片的作用有两个：一是嵌线时将导线划入铁心线槽；二是用来整理槽内的导线。

（3）压线板。压线板用来压紧嵌入槽内的线圈的边缘，把高于线圈槽口的绝缘材料平整地覆盖在线圈上部，以便穿入槽楔。压线板的压脚宽度一般比槽上部的宽度小 0.5mm 左右，而且表面光滑，如图 4 - 39 所示。

图 4 - 38 划线片

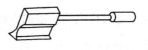

图 4 - 39 压线板

用于嵌线的工具还有整形锤、手术剪、打板等。

2. 拆卸工具

电动机的拆卸工具叫拉具，又叫拉拔或扒子，通常用来拆卸电动机的传动带轮和轴承等紧固件，拉具按结构不同，又分为三爪式和两爪式两种。

使用拉具拆卸传动带轮和轴承时，拉具的抓勾要抓住工件的内圈，顶杆的轴心线与工件轴心线对齐，然后扳动手柄，用力要均匀，如图 4 - 40 所示。并注意抓勾和工件的受力情况，拉不动时不要硬拉，可在工件连接处滴些煤油或用喷灯加热后趁热拉下。

3. 拆线工具

（1）錾子。在拆除损坏的线圈绕组时，需要用锋利的錾子从线圈与铁心端面处錾断，这就是錾子的作用。錾子的外形如图 4 - 41 所示。

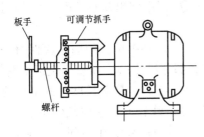

图 4 - 40 拉具

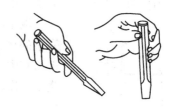

图 4 - 41 錾子

（2）线冲子。为了方便地冲出錾断线圈端部后剩下的线圈，可以取直径为 6 ~ 14mm，长 200 ~ 400mm 的普通圆钉钢打制成截面为椭圆形状，以便与电机定子槽形配置将线圈冲出。

（3）清槽片。在冲出线圈后，定子槽内会残留部分绝缘物，要清出这些残留的绝缘物，就需利用清槽片加以清理。其制作方法：可以用废弃的钢锯条，打磨成多种形状作工具，如钩形、尖形或斜长刀形等，另一端用纱带裹成把柄，以免使用时磨破手掌，如图 4 - 42 所示。在清理残留绝缘物时，最好能把定子放入烘箱中加温 120℃ 左右烘烤一段时间，这样清理比较容易，注意：为了防止烫伤要戴手套操作。

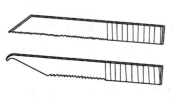

图 4 - 42 清槽片

4. 绕线工具

（1）绕线机。绕线机是用于绕制线圈绕组的专用工具。绕线机上配有读数盘和变速齿轮，分电动和手动两种。其中，有的电动绕线机装有数字读数装置。绕线时可根据需要调节齿轮，以适应需要的力矩与速度。手摇绕线机结构如图 4 - 43 所示。

（2）绕线模具。一般属于系列电动机的绕线模，应按国家电动机统一规定的数据自行制作。否则，绕制的线圈过小，不好嵌线，而且有时根本无法嵌线；绕制的线圈过大，不仅浪费原料，而且往往触碰端盖，产生相间或对地短路故障，而使电动机不能正常运行。常见的绕线模具有固定模具和活动模具两种。

二、异步电动机定子绕组的大修工艺过程

异步电动机定子绕组的拆换（大修）工艺过程大致如下：

记录原始数据→拆除旧绕组→制作绕线模→绕制绕组→嵌线→接线→绑扎→检查及试验→绝缘处理。

1. 记录原始数据

在拆除旧绕组前及拆除过程中，必须记录下列原始数据，作为制作绕线模、选用线径、绕制线圈等的依据。

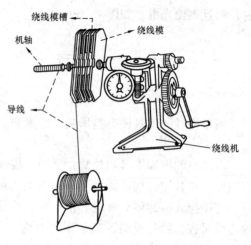

图 4 – 43　手摇式绕线机结构

（1）铭牌数据。铭牌数据包括：① 型号；② 功率；③ 转速；④ 绝缘等级；⑤ 电压；⑥ 电流；⑦ 接法。

（2）绕组数据。绕组数据包括：① 槽数；② 每槽导线数；③ 导线型号、规格及并绕根数；④ 绕组节距；⑤ 并联路数；⑥ 绕组型式和尺寸；⑦ 绕组伸出铁心长度；⑧ 绕组接线图；⑨ 引出线与机座的相对位置；⑩ 绕组总重量。

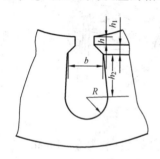

图 4 – 44　槽形尺寸图

测量绕组数据的方法是：① 在拆旧绕组时，应保留一个较完整的绕组，以便量取其各部分尺寸；② 将整个绕组一端剪断，选取其中三个周长最短的单元绕组，量取长度，其平均值作为绕线模心周长尺寸；③ 测量线径时，应取绕组的直线部分，烧去漆层，用棉纱擦净，对同一根导线在不同位置测量三次，取其平均值，且应多量几根导线。

（3）铁心数据。铁心数据包括：① 定转子内外径；② 定子铁心长度；③ 槽形尺寸。

槽形尺寸的测量方法是：用一张较厚的白纸按在槽上，取下槽形痕迹，再绘出槽形，并标注各部分尺寸，如图 4 – 44 所示。

2. 拆除旧绕组

由于电动机绕组经过绝缘处理，非常坚硬，故不易拆除。拆除时必须采取适当措施，首先应将绝缘层软化或烧掉。为了保证电动机质量，一般不把定子放在火中加热，因为这样破坏了硅钢片的片间绝缘，既增加了涡流损耗，又造成铁心朝外松弛。同时，硅钢片经加热后性能变差。

通常采用下面几种拆除方法。

（1）冷拆法。首先，把槽楔敲出。若为开口槽，则很容易将绕组一次或分几次取出；若为半闭口槽或半开口槽，可用斜口钳把绕组一端的端接部分逐根剪断，在另一端用钳子把导线逐根从槽内拉出。在取出旧导线时，应按顺序逐一拉出，切勿用力过猛或多根并拉，以免损坏槽口。

为了保持导线的完整，应将焊接头熔断，并用扁锉锉平，使其容易通过槽口。

（2）通电加热法。将转子取出，向定子绕组通电，但电流不得超过额定电流的两倍。

可以三相绕组同时通电或单个绕组通电。当绝缘软化、绕组端部冒烟时，切断电源，打出槽楔，趁热迅速拆除绕组。

（3）局部加热法。先把槽楔敲出，然后把绕组两端剪断，用喷灯对准槽口加热，待绝缘层软化后将导线逐根从槽内取出。在加热过程中应特别注意防止烧坏铁心，以免硅钢片性能变差。

另外，也可用烘箱、煤炉、煤气或乙炔等加热，其方法基本相同，但加热温度不宜超过200℃，否则容易损坏铁心或烧裂机座。

（4）溶剂溶解法。用溶剂溶解绝缘层，以便拆除旧绕组。使用溶剂溶解法必须注意防火措施与通风条件，以免发生火灾或苯中毒。

常用的溶剂溶解方法如下：

1）将小容量电动机直接浸入苯中，约24h后，可使绕组绝缘层软化，取出后立即拆除绕组。

2）拆除0.5kW以下电动机绕组时，可将丙酮、酒精和苯按25∶20∶50重量比（即质量比，后同）配成混合溶液。把电动机浸入溶液中，约几十分钟后，绝缘层软化，即可拆除绕组。

3）拆除3kW以下的小型电动机绕组时，可将丙酮、甲苯和石蜡按50∶45∶5的重量比准备好，先将石蜡加热熔化并移去热源，再加入甲苯，最后加入丙酮搅和。把电动机立放在有盖的铁盘内，用毛刷将溶液刷在绕组的两个端部和槽口，然后加盖防止挥发太快，1~2h后，即可取出拆除绕组。

4）用氢氧化钠作腐蚀剂，将氢氧化钠与水按1∶10重量比配成溶液。氢氧化钠能把槽楔与绝缘层腐蚀掉，但不腐蚀硅钢片。将定子绕组浸溶2~3h，如需加快速度，可将溶液加热至80~100℃，定子绕组从溶液中取出后，必须用清水洗干净（勿使皮肤接触溶液），然后按顺序逐一拆除绕组。

铝壳或铝线电动机不宜采用此法，电动机上的铝质铭牌也应取下，以免受腐蚀。

比较上述方法，冷拆法因绕组在冷态时很硬，拆除较困难些；通电加热法使用较普遍，其温度容易控制，但必须具有足够容量的电源设备，最适用于中大型电动机；局部加热法方法简单，但往往使铁心质量变差；溶剂溶解法费用较贵，只适用于小型电动机，尤其是1kW左右的电动机更为适用。

电动机槽内旧绕组全部拆除后，应将槽内的残余绝缘物清除干净。若定子铁心硅钢片有凹斜，可用钳子修平；槽口有毛刺，应用细锉锉光。

拆除旧绕组的步骤是：在查清绕组的并联路数后，翻起一个跨距内的上层边，其高度以不妨碍下层边的拆出为止，然后逐个拆出绕组。在拆除过程中，应尽量保留一个完整的线圈，以便量取有关数据，作为制作绕线模和绕制新线圈时参考。

3. 制作绕线模

在绕制电动机线圈前，应根据旧线圈的形状和尺寸制作绕线模。绕线模的尺寸是否合适，对绕组重绕工作的顺利进行起着决定性作用。绕线模尺寸做得太短，端部长度不足，嵌线时发生困难，甚至嵌不进去；绕线模尺寸做得太长，线圈电阻和端部漏抗都增大，影响电气性能，而且浪费铜线，线圈还易碰触端盖。为此，绕线模的尺寸必须力求正确，拆除时留下的一个较完整的旧线圈可作为绕线模的设计依据。如果没有一个较完整的旧线圈，则需要新设计绕线模。

现介绍几种绕线模尺寸的计算方法。

（1）双层叠绕组。

双层叠绕组绕线模心如图 4 - 45 所示。其各尺寸的计算公式如下：

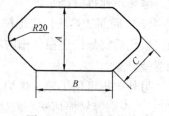

图 4 - 45　双层叠绕组
绕线模的模心

模心宽度
$$A = \frac{\pi(D_i + h_s)}{z_1}(y_1 - x)$$

式中　D_i——定子铁心内径（mm）；

　　　h_s——定子槽高（mm）；

　　　z_1——定子槽数；

　　　y_1——以槽数表示的定子绕组节距；

　　　x——模心宽度校正系数，可按表 4 - 6 查取，功率大的电动机取上限。

表 4 - 6　　　　　　　　　　　　　　校 正 系 数 表

极　数	2 极	4 极	6 极	8 极
x	1.5 ~ 2	0.5 ~ 0.75	0 ~ 0.25	0 ~ 0.2
t	1.49	1.53	1.58	1.53

模心直线部分长度　　　　　　　　　$B = L + 2a$

式中　L——定子铁心长度（mm）；

　　　a——定子绕组直线部分伸出铁心长度，可取 10 ~ 20mm，功率大、极数少的电动机取上限。

模心端部长度　　　　　　　　　　　$C = A/t$

式中　t——模心端部长度校正系数，可按表 4 - 6 查取。

（2）单层绕组。

1）单层同心式绕组。单层同心式绕组绕线模的模心如图 4 - 46 所示。其各尺寸的计算公式如下：

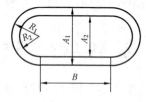

图 4 - 46　单层同心式绕组
绕线模的模心

模心宽度
$$A_1 = \frac{\pi(D_i + h_s)}{z_1}(y_{11} - x)$$

$$A_2 = \frac{\pi(D_i + h_s)}{z_1}(y_{12} - x)$$

式中　A_1、A_2——大线圈、小线圈模心的宽度（mm）；

　　　y_{11}、y_{12}——大线圈、小线圈以槽数表示的节距；

　　　x——模心宽度校正系数，可按表 4 - 7 查取。

表 4 - 7　　　　　　　　　　　　　　校 正 系 数 值

绕组型		x			t
		2 极	4 极	6 极	
同心式	大线圈	2.1	1.1	—	2
	小线圈	1.6	0.6	—	2

续表

绕组型		x			t
		2 极	4 极	6 极	
交叉式	大线圈	2.1	1.1	—	1.8
	小线圈	1.85	0.85	—	1.9
链式		—	0.85	0.55	1.6

模心直线部分长度　　　　　　　　　　$B = L + 2a$

模心端部圆弧半径　　　　　　　　　　$R_1 = \dfrac{A_1}{2}$

$$R_2 = \dfrac{A_2}{2}$$

式中　R_1、R_2——大线圈、小线圈端部的圆弧半径（mm）。

　　2）单层交叉式绕组。单层交叉式绕组绕线模的模心如图 4 – 47 所示。其各尺寸的计算公式如下：

　　模心宽度　A_1、A_2 的计算公式与单层同心式绕组相同，但应以交叉链式的 x 值代入。

模心直线部分长度　　　　　　　　　　$B = L + 2a$

模心端部圆弧半径　　　　　　　　　　$R_1 = \dfrac{A_1}{t}$

$$R_2 = \dfrac{A_2}{t}$$

式中　t——模心端部长度校正系数，可按表 4 – 7 查取。

　　3）单层链式绕组。单层链式绕组绕线模的模心如图 4 – 48 所示。各尺寸的计算公式如下：

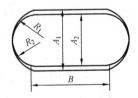

图 4 – 47　单层交叉式绕组绕线模的模心

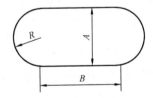

图 4 – 48　单层链式绕组绕线模的模心

模心宽度　　　　　　　$A = \dfrac{\pi\,(D_i + h_s)}{z_1}\,(y_1 - x)$

式中　x——模心宽度校正系数，可按表 4 – 7 查取。

模心直线部分长度　　　　　　　　　　$B = L + 2a$

模心端部圆弧半径　　　　　　　　　　$R = \dfrac{A}{t}$

式中　t——模心端部长度校正系数，可按表 4 – 7 查取。

（3）模心厚度和夹板尺寸。

1）模心厚度。模心厚度 b 如图 4 - 49 所示。

$$b = 1.1nd_1$$

式中　n——每层导线的根数，可自行确定，若为多根并绕，
则为并绕根数 × 每层匝数；

　　d_1——单根导线绝缘后的直径（mm）。

一般功率较小的电动机 $b = 8 \sim 10$mm，功率较大的电动机
$b = 10 \sim 15$mm。

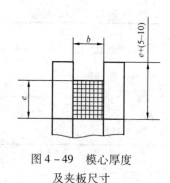

图 4 - 49　模心厚度
及夹板尺寸

2）夹板尺寸。夹板的形状与模心相同，每边比模心高出
的长度约为线圈厚度 $e + (5 \sim 10)$mm。

如图 4 - 49 所示，夹板上应留有引出线槽及若干扎线槽。线圈厚度 e 的计算公式如下：

$$e = \frac{N_1 nd_1^2}{0.9b}$$

式中　N_1——定子线圈的匝数；

　　n——定子线圈的并绕根数；

　　b——模心厚度（mm）；

　　d_1——单根导线绝缘后的直径（mm）。

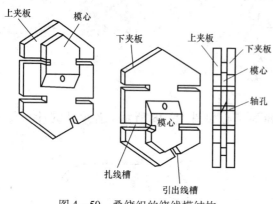

图 4 - 50　叠绕组的绕线模结构

绕线模由模心和夹板两部分组成。模
心一般斜锯成两块，一块固定在上夹板上，
另一块固定在下夹板上，这样绕成线圈后
容易脱模。图 4 - 50 为叠绕组常用的绕线
模结构。绕线模一般用干燥硬木制作，使
其不易翘裂变形；大批修理或长期使用时，
可用层压板或铝合金制作。

绕线模可按每极每相的线圈数制作，
如每极每相有三只线圈，则可做成三块模
心、四块夹板，使三只线圈可以连绕，省
去线圈间的焊接。大批修理时，还可以每

相连绕，省去线圈间的焊接，即每相只有两根引出线。对单台电动机的修理，可只做一块模
心，绕完一个线圈扎牢后卸下，扎在夹板侧继续绕完一组，再剪断线头。

为了达到一模多用，简易多用绕线模与活络绕线模也在不断推广使用。图4 - 51 为一种
简易多用绕线模，在板上钻几排孔，用六根金属棒插入孔中，每根金属棒上安放一个外径约
12mm、厚 10mm 的层压板垫圈（图中大圈），再安放一块同样的模板，装夹在绕线机上，即
可绕制。若要连绕几个线圈，只要多做几块模板和层压板垫圈、
金属棒放长些即可。

4. 绕制线圈

绕组是电动机的心脏，绕组的质量直接影响电动机的修理
质量与使用寿命。绕制绕组一般在手摇绕线机上进行，也可用
电动绕线机。对绕组的绕制质量要求是：导线尺寸符合要求，

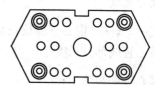

图 4 - 51　简易多用绕线模

绕组尺寸与匝数正确，导线排列整齐和绝缘良好。

（1）准备工作。

1）检查绕线模尺寸并将其安装在绕线机主轴上。

2）准备绕线材料和检查导线尺寸。

3）试车运转，调整绕线机转速，校对计数器并调至零位。

4）将导线盘装在搁线架及拉紧装置上。

（2）绕制步骤。

1）按规定的规格，根据一次连绕线圈的个数、组数及并绕根数剪制绝缘套管，依次套入导线。

2）将导线始端按规定留出适当长度并弯折后嵌入绕线模的引出线槽内使之固定。

3）开动绕线机，绕制第一个线圈，导线在槽中自左向右排列整齐、紧密，不得有交叉现象，待绕至规定的匝数为止。

4）留出连接线，移出近处的一个绝缘套管，按规定留出连接线长度并予以固定。

5）绕第二个线圈，按此步骤绕完其余线圈。

6）引入扎线，将扎线引入绕线模的扎线槽内，并依次扎紧。

7）按规定长度留出末端引线头，并剪断导线。

8）拆下绕线模，取出线圈，将线圈整齐地放置好。

（3）绕制工艺要点。

1）导线的检查。绕线前先用千分尺检查导线直径和导线绝缘厚度是否符合要求，尽量采用与原线直径相同的导线。若导线直径过细，将使绕组电阻增大，影响电气性能，增高定子温升；若导线直径过大或导线绝缘厚度过大，就会造成嵌线困难。

在绕制过程中，注意夹紧力对导线直径的影响，尤其是绕制导线直径小于 0.5mm 时，夹紧力不能过大，以免将导线拉细。每当调换一盘导线时，必须按规定检查导线，合格后才可使用。

2）线圈的接头。当绕线时发现导线长度不够或断线现象时，允许采用焊接接头。对线圈的接头要求是：其位置应在线圈端部斜边处，要求焊接光滑、良好，并用绝缘带半叠包一层，既保证接触良好，又保证绝缘可靠。如接头位置在直线部分，一则可能嵌不进槽，二则如焊接不良容易引起故障，且不易检查和修理。通常，线圈的接头处可用绝缘套管套入，以保证其绝缘可靠。

3）导线的绝缘修补。绕线中应仔细观察导线，如有绝缘损坏应用绝缘带半叠包一层或涂刷相应的绝缘漆，但每个线圈不得超过一处，每相线圈不得超过两处。

4）线圈的质量检查。线圈绕制完成后，应进行下列项目检查：

① 匝数检查：可用匝数试验器检查其匝数，或用电桥测量其直流电阻。在测量直流电阻时，如果电阻大于 1Ω，用单臂电桥测量；如果小于 1Ω，则用双臂电桥测量。考虑到工艺上的因素电阻值允许有一定的误差，其误差范围为计算值的 ±4%。

② 导线的接头检查：在每个线圈中接头数不得超过一处，每相线圈中不得超过两处，每台线圈接头数不得超过四处，其接头必须在端部斜边外，且应绝缘可靠。

③ 导线的绝缘检查：导线的绝缘应无损伤，如有损坏应修补良好，以保证绝缘可靠。

5. 嵌线

嵌线就是把绕制好的线圈嵌入定子铁心槽内，它是电动机修理中的重要工序。嵌线前应修正定子铁心硅钢片的凹斜和毛刺，清除槽内的杂物，并用压缩空气或皮老虎吹净，涂上清漆，安放槽绝缘，准备嵌线工具和辅助材料，即可进行嵌线。

（1）安放槽绝缘。

嵌线时所用的绝缘材料应与电动机的绝缘等级相符合，Y 系列电动机采用 B 级绝缘，Y2 系列电动机采用 F 级绝缘。中小型异步电动机槽绝缘规范见表 4 - 8。

表 4 - 8　　　　　　　　　　　　中小型异步电动机槽绝缘规范

型号	机座号	槽绝缘材料及其厚度
Y 系列	H80 ~ 112	0.25mm DMD 或 DMDM 复合绝缘（一层）
	H132 ~ 160	0.30mm DMDM 复合绝缘（一层）
	H180 ~ 280	0.35mm DMDM 复合绝缘（一层）
Y2 系列	H63 ~ 71	0.20mm 6641、6642 或 6643 复合绝缘（一层）
	H80 ~ 112	0.25mm 6641、6642 或 6643 复合绝缘（一层）
	H132 ~ 160	0.30mm 6641、6642 或 6643 复合绝缘（一层）
	H180 ~ 280	0.35mm 6641、6642 或 6643 复合绝缘（一层）
	H315 ~ 355	0.40mm 6641、6642 或 6643 复合绝缘（一层）

表中 DMDM 复合绝缘可用 DMD 加 M（2820 聚酯薄膜）代替。

1）槽绝缘的结构形式。

① 用引槽纸的，如图 4 - 52（a）所示的结构，嵌好线后将引槽纸齐槽口剪平，然后折合封好。

② 槽绝缘纸在槽的两端褶边，将临时引纸抽出，上面盖上一条倒 U 形垫条封起来，如图 4 - 52（b）所示。

③ 槽绝缘纸在槽的两端褶边，用引槽纸，嵌好线后将引槽纸沿槽口剪齐，然后折合封好，如图 4 - 52（c）所示。

Y、Y2 等系列异步电动机槽绝缘的结构采用第①、②种均可，但在槽的两端不褶边，且不用临时引槽纸。由于槽绝缘伸出槽口结构浪费了被剪去的材料，故推荐槽绝缘不伸出槽口的结构。

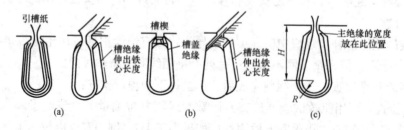

图 4 - 52　电动机槽绝缘的结构形式

2）槽绝缘安放工艺要点。

① 槽绝缘的伸出铁心长度：安放槽绝缘要求伸出铁心有一定长度，且两端均匀其伸出铁心长度根据电动机容量而定，Y2 系列 H63 ~ 355 电动机槽绝缘伸出铁心长度可参考表 4 - 9。

表 4 - 9　　　　　　　　Y2 系列 H63 ~ 355 槽绝缘伸出铁心长度

机座号	63 ~ 71	80 ~ 112	132 ~ 160	180 ~ 280	315 ~ 355
伸出长度/mm	5	7	10	12	15

表中长度为槽绝缘伸出铁心每端最小长度，Y 系列电动机槽绝缘伸出铁心长度与 Y2 系列 H63 ~ 355 基本相同。

② 槽绝缘宽度：槽绝缘的宽度应使主绝缘放在槽口下角处为宜，如图 4 - 52 所示。若过宽，则影响嵌线；若过窄，则包不住导线。可根据槽形尺寸按下式计算：

主绝缘宽度 $= \pi R + 2H$

引槽纸宽度 $= \pi R + 2H +$ （20 ~ 30）mm

③ 绝缘材料裁剪要求

a. 裁剪玻璃丝漆布时，应与纤维方向成 45°角裁剪，这样不易在槽口处撕裂。

b. 裁剪绝缘纸时，应使纤维方向（即压延方向）与槽绝缘和层间绝缘的宽度方向（长边）相一致，以免折叠封口时困难。

c. 绝缘材料应保持清洁、干燥和平整，不得随意折叠。

④ 复合绝缘的安放；当采用复合绝缘作槽绝缘时，应将主绝缘的反面与槽壁接触，以保护主绝缘的良好、可靠。

（2）准备嵌线工具和辅助材料。

要顺利地进行嵌线，必须做好嵌线前的一切准备工作。除安放槽绝缘外，还要准备嵌线工具和辅助材料。

嵌线工具一般有压线板、划线片、剪刀、尖嘴钳及手锤等。压线板要根据电动机槽形多备几只，其形状如图 4 - 39 所示。一般的压脚宽度应比槽上部宽度小 0.6 ~ 0.7mm，应光滑无棱，以使压线时不致损伤绝缘。划线片如图 4 - 38 所示，一般用钢板或层压板制成，其头部要磨得光滑、厚薄适宜，长度以能划入槽内 2/3 处为准。剪刀使用时应注意剪平，如使用手术弯头长柄剪可用于剪去引槽纸。手锤一般应是木质或橡胶锤，若用金属锤时，在敲打绕组时应垫以木条，以免损伤导线绝缘。

辅助材料包括端部相间绝缘、槽内层间绝缘、槽楔及扎带等。端部相间绝缘、槽内层间绝缘的材料与槽绝缘相同，端部绝缘的形状与线圈端部的形状相同，但尺寸要比线圈端部每边约大 10mm。槽楔用竹楔或层压板槽楔，其形状为梯形。如用竹楔，需经变压器油或桐油煎浸处理；若用层压板槽楔，应采用 3240 环氧玻璃布板。扎带应用无碱玻璃丝带或聚酯纤维纺织套管。

（3）嵌线。

嵌线前的一切准备工作完成后，即可进行嵌线。以下是嵌线步骤：

1）交叉式绕组嵌线

a. 选择好第一槽的位置，先嵌第一相两个大线圈中一个线圈的下层边（先嵌入槽的一边），封槽，上层边暂不嵌（起把），紧接着嵌另一个大线圈的下层边，上层边也起把。

b. 隔一槽，嵌第二相的小线圈的下层边，封槽，上层边也起把。

c. 隔二槽，嵌第三相的两个大线圈中一个的下层边，当节距 $y_1 = 1 ~ 9$ 时，把上层边嵌入第一相大线圈下层边的前两槽内，垫好相间绝缘，紧接着嵌另一个大线圈的上层边和下层边。

d. 再隔一槽，嵌第一相小线圈的下层边，并把上层边嵌入空槽内（节距1~8），封槽，垫好相间绝缘。

e. 再隔二槽，嵌第二相的大线圈的下层边，上层边按节距1~9嵌入槽内，封槽，垫好相间绝缘。一、二、三相依次先嵌大线圈，然后空一槽，嵌小线圈，空二槽，再嵌大线圈，再空一槽，接着嵌小线圈，再空二槽，然后嵌大线圈，……，一直至嵌完。

2）链式绕组嵌线。

a. 选择好第一槽的位置，先嵌第一相第一个线圈的下层边，封槽，上层边起把。

b. 隔一槽，嵌第二相第一个线圈的下层边，封槽，上层边起把。

c. 隔一槽，嵌第三相第一个线圈的下层边，封槽，上层边嵌入第一相第一个线圈下层边的所占槽的前一槽内（$y_1 = 1 \sim 6$），封槽，垫好相间绝缘。

d. 隔一槽，嵌第一相第二个线圈的下层边，上层边嵌入槽内，封槽，垫好相间绝缘。以后第二、第三相按空一槽嵌一槽的方法，轮流将一、二、三相的线圈嵌完，最后把第一、二相的第一个线圈的起把边嵌入。

3）同心式绕组嵌线。

a. 选择好第一槽的位置，先嵌第一相线圈的小圈的下层边，封槽，上层边起把。接着把大圈的下层边嵌入，封槽，上层边起把。

b. 隔二槽，嵌第二相线圈的小圈和大圈的下层边，封槽，上层边起把。

c. 隔二槽，嵌第三相线圈的小圈和大圈的下层边，封槽，上层边嵌入第一相小圈下层边的前一槽内（$y_1 = 2 \sim 11$），大圈的上层边嵌入小圈的前一槽内（$y_1 = 1 \sim 12$），整好端部，封槽，垫相间绝缘。

d. 隔二槽，嵌第一相的另一组线圈小圈和大圈的下层边，上层边嵌入前面空槽（$y_{12} = 2 \sim 11$，$y_{11} = 1 \sim 12$），整好端部，封槽，垫好相间绝缘。按空二槽嵌二槽的方法，依次把其余的线圈嵌完，最后把第一、二相的起把线圈上层边嵌入槽内。

4）双层叠绕组嵌线。

a. 选择好第一个槽的位置，先嵌第一极相组的下层边，用层间绝缘盖好，上层边起把，然后用压线板将槽内导线压紧。

b. 再嵌第二极相组和第三极相组（同上）。

c. 按图样规定的节距嵌入其余的下层边和上层边，直到全部下层边嵌完后，才能把开始起把的线圈边嵌入上层，封槽。

（4）嵌线工艺要点。

1）引线处理。先将线组导线理齐、引出线理直，嵌线时绕组的引出线端要放在靠近机座出线盒的一端，即以出线盒为基准来确定嵌线第一槽的位置。引出线应套上绝缘套管，一般采用2730醇酸玻璃漆管，其直径大小应适宜，长度应一致，要求绝缘良好。

2）绕组捏法。先用右手把要嵌的绕组边捏扁，用左手捏住绕组的一端向相反方向扭转，如图4-53（a）所示，使绕组的槽外部分略带扭绞形，以免绕组松散，使其顺利地嵌入槽内。绕组边捏扁后放到槽口的槽绝缘中间，左手捏住绕组朝里拉入槽内，如图4-53（b）所示。如果槽内不用引槽纸，应在槽口临时衬两张薄膜绝缘纸，以保护导线绝缘不被槽口擦伤，绕组边入槽后即可将薄膜绝缘纸取出。如果绕组边捏得好，一次即可把大部分导线拉入槽内。由于绕组扭绞了一下，使绕组内的导线变位，绕组端部有了自由伸缩的余地，嵌线、整形都很便利，且易于平整服贴。否则，槽上部的导线势必拱起来，且嵌线困难。

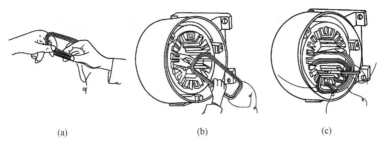

(a)　　　　　　　　　　(b)　　　　　　　　　　(c)

图 4 – 53　嵌线方法

3）理线与压线。导线进槽应按绕制绕组的顺序，不要使导线交叉错乱，绕组两端槽外部分虽略带扭绞形，但槽内部分必须整齐平行，否则会影响导线的全部嵌入，而且还会造成导线相擦而损伤绝缘。在绕组捏扁后不断地送入槽内时，用划线片在绕组边两侧交替理线，引导导线入槽。当大部分导线嵌入后，用两手掌向里、向下按压绕组端部，使其端部压下些，且使绕组胀开些，不使已嵌入的导线胀紧在槽口。理线时应先理下面的几根导线，这样嵌完后可使导线顺序排列，无交叉错乱现象。

导线全部嵌入槽内后，用压线板压实导线，以便封槽。若为双层叠绕组时，当嵌完下层边后，就把层间绝缘放入槽内，用压线板压平，然后再嵌上层边。若槽满率较高时，必须用压线板压实导线，但不可猛敲，以免损伤导线绝缘。

4）封槽。当导线全部嵌入槽内后，用压线板轻轻压实导线，剪去露出槽口的引槽纸，用划线片将槽绝缘两边折拢，盖住导线，用竹楔压平，如图 4 – 53（c）所示。再用槽楔打入槽内，压紧绕组，如图 4 – 54 所示。槽满率越高，封槽越重要。槽楔长度比槽绝缘短 3mm，厚度不小于 2mm，要求打入槽后松紧适当。

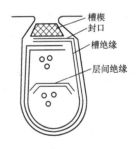

图 4 – 54　槽绝缘、层间绝缘及槽楔的构成

5）层间绝缘与相间绝缘。当采用双层叠绕组时，同槽上下两层之间垫入与槽绝缘材料相同的层间绝缘。在下层边嵌好后，就把层间绝缘放进槽内，盖住下层边。要求层间绝缘两端伸出槽外长度均等，且不允许下层边有个别导线在层间绝缘上，以免造成相间击穿。

相间绝缘即指在绕组端部相间垫入与槽绝缘相同的材料。在封槽后，接着在两端垫入相间绝缘，使其压住层间绝缘并与槽绝缘相接触。端部相同绝缘应边嵌线边垫上，否则不易垫好。

6）起把线圈及其他。起把线圈即吊把线圈，起把线圈吊起后，下面应垫一张纸，以免线圈边与铁心相碰而擦伤绝缘，如图 4 – 53（c）所示。当嵌完最后一个线圈后，就可把最初吊起的起把线圈几个上层边逐一放下，嵌入相应的槽内。

此外，嵌线时还应注意以下几点：

1）保持工作台及周围环境的整洁及操作者的卫生，防止铁屑、油污、灰尘等沾在线圈上。

2）各部分的绝缘材料、辅助材料和嵌线工具一定要安放到位，以保证嵌 线工作的顺利进行。

3）嵌线操作要求认真、细致，严格按绝缘规范和工艺要求进行，并加强嵌线中各项质量检查。

6. 接线

绕组嵌线完毕后，需要将其连成三相绕组，同时将各组绕组的始末端引出，称为接线。接线分为一次接线和二次接线，一次接线就是将一相中所有的线圈按一定原则连接起来成为一相绕组；二次接线即接引出线。

（1）一次接线。

绕组的一次接线必须保证槽内的电流方向与槽矢量星形图符合。

1）一次接线的步骤。

① 将单个线圈按60°相带分布连接成极相组。

② 连接同一相的极相组，使其成为各相绕组。

2）一次接线的工艺要点。

① 极相组的连接：按槽矢量星形图和每极每相槽数，在这些槽中线圈的电流方向必须相同，所以这些线圈应是头尾相接。在中小型电动机中，一个极相组内的线圈一般是连续绕制的，因此不用接头。

② 一相绕组的连接：凡属于同一相的极相组绕组，才能彼此连续。在一相绕组中，处于相邻极下线圈的电流方向必须相反，即头与头、尾与尾相接。按顺序连接完毕后，用箭头标出每个极相组的电流方向，其箭头总是两两相对，如图4-55所示。

③ 并联支路的连接：双层绕组中并联支路的连接原则是各支路均顺着接线箭头方向连接，各支路要相头与相头连接、相尾与相尾连接，不能颠倒；并联后各支路线圈组数必须相等。具体方法可采用底面线并联或底线并联，如图4-56（a）、（b）所示。

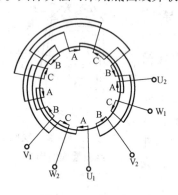

图4-55 接线草图

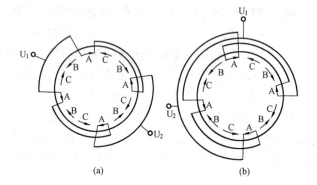

图4-56 并联接线草图
（a）底面线并联；（b）底线并联

（2）二次接线。

绕组的二次接线是将三相绕组的始末端用电缆（或电线）引到接线盒，即接引出线。

1）二次接线的步骤。

① 把引出线接到接线盒的接线板上。

② 以不同的颜色区别头尾，用 U_1、V_1、W_1 标明绕组的始端，用 U_2、V_2、W_2 标明绕组的末端。

2）二次接线的工艺要点。

① 绕组的引出线应尽可能靠近接线盒，以便缩短引出线，节约材料。

② 绕组引出线的规格应按电动机的额定电流选择，见表4-10。也可参照电动机原有引出线的规格选用。

③ 绕组引出线一般采用铜接线头与接线板连接，并用绝缘套管加强引出线端部绝缘。在连接时，还采用铜接线片使其接成Y或△。

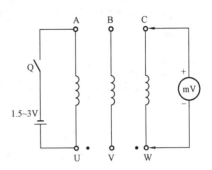

④ 当三相绕组的始端和末端标记不能辨认时，可用干电池法进行鉴别。首先用万用表找出各相绕组的接头，然后按图4-57所示连接。当合上开关Q的瞬间，毫伏表的指针应指正向（大于0），否则，将两表笔调换，使指针正向摆动。这时，电池的"＋"极与表头的"－"极同为被测线圈的头或尾（同名端），同理经过两次试验，便可找出三相绕组的头尾。毫伏表也可用万用表的毫安挡代替。

图4-57 干电池法接线图

表4-10　　　　　　　　　　　　电动机绕组引出线截面积

电动机功率/kW	引出线截面积/mm^2	电动机功率/kW	引出线截面积/mm^2
1.1 以下	1	30～37	10
1.5～4	1.5	45～55	16
5.5～7.5	2.5	75～90	25
11～15	4	110～132	35
18.5～22	4	160	50

（3）线头焊接。

一次接线与二次接线都要进行线头焊接，以避免线头连接处氧化，保证电动机绕组长期安全运行。

1）对线头焊接的技术要求。

① 焊接要牢固，要有一定的机械强度，在电磁力和机械力的作用下不致脱焊、断线。

② 接触电阻要小，与同样截面的导线相比，电阻值应相等甚至更小，以免运行中产生局部过热。电阻值还应比较稳定，运行中无大变化。

③ 焊接操作方便，要求容易操作，不影响周围的绝缘，且其成本应尽可能低。

2）焊接前的准备工作。

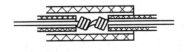

图4-58　引线套管

① 配置套管。一般线圈引线的套管在绕线时已套上，接线时可根据情况适当修剪一下长短，再串套上长度为40～80mm较粗的醇酸玻璃丝漆管，如图4-58所示。

② 刮净接头。刮净聚酯漆包线上的绝缘漆时，可用双面刮刀或化学清除法。当采用双面刮刀时，要不断转动导线，使圆导线周围都能刮净。刮刀可用钢锯条片制成，也可采用砂纸代替。当采用化学清除法时，应用清水冲洗，以防止腐蚀。其脱漆剂有浓乙二胺溶液、甲酸丙酮混合溶液和苯酚氨水溶液等。使用化学清除法时，应注意安全与防护。

③ 搪锡。为了保证锡焊焊接质量，一般在绕线后即将每个线圈的线头刮净搪锡，然后再嵌线、接线。搪锡在搪锡槽内进行，搪锡后应抛光或擦清。

④ 绞接与扎线。一般接线由于导线较细，可用线头直接绞合，要求绞合紧密、平整、可靠，如图4-59所示。当导线较粗时，应用0.3~0.8mm²的细铜线扎在线头上，如图4-60所示。

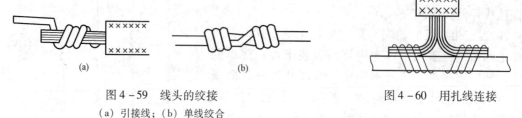

图4-59 线头的绞接 　　图4-60 用扎线连接
(a) 引接线；(b) 单线绞合

3）焊接工艺要点。

① 熔焊。熔焊就是被焊接的金属本体在焊接处加热熔化成液体，冷却后即成为一体。一般都采用低压大电流的焊接变压器通电加热进行焊接，其二次电压还可根据焊接导线截面大小进行调节，焊接效果较好，如图4-61所示。

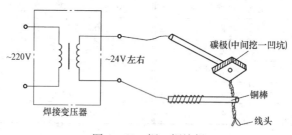

图4-61 铜—铜熔焊

操作时将碳极轻触线头，使其连续发出弧光。熔化后应迅速移去碳极，使导线熔成一个球形最好。碳极也可采用电阻大一些的硬质电刷代替。

熔焊应用较广，对较细导线焊接更为适合。其优点是不加焊剂，简捷方便。缺点是多路并联，线头较多时，若操作不熟练，往往其中某一根导线不易焊牢。

② 钎焊。钎焊就是使熔点低于接头材料的金属焊料，流入已加热的接头缝隙中，使接头焊成一体。因所用焊料熔点温度的不同又分为软焊和硬焊两种。软焊的焊接温度一般在500℃以下，如锡焊；硬焊所用焊料的熔点在500℃以上，常用的为磷铜焊和银铜焊。

③ 锡焊。锡焊利用铅锡合金作焊料，含锡越高，流动性越好，但工作温度较低。其助焊剂是酒精、松香或焊油，最好采用松香酒精溶液，酒精是去氧剂，将氧化铜还原为铜，松香在熔化后覆盖在焊接处，防止焊接处氧化，焊油有焊锡膏和焊锡药水，焊锡膏有些腐蚀性，焊接完毕后应用酒精棉纱擦洗干净；焊锡药水虽使用方便，但盐酸具有强烈的腐蚀作用，在电工焊接中严禁使用。锡焊的加热方法有烙铁或专用工具，如焊锡槽等。焊锡槽可用于浇锡和浸锡，其焊接质量比烙铁焊高。

锡焊的优点是熔点低，焊接温度低于400℃，容易操作，对周围绝缘影响小。其缺点是机械强度较差，工作温度不高。由于锡焊操作方便，故使用最普遍，广泛应用于电工焊接中。

锡焊时，先在搪过锡的线头上刷上松香酒精，然后用浸锡的烙铁放在线头下面（注意烙铁不能放在线头上面），当松香液沸腾时，迅速地将焊锡条涂浸在烙铁和线头上。烙铁离开后，趁热用布条或毛刷迅速擦去余锡，若有凸出的锡刺应设法去掉。

锡焊时，应防止烙铁过热"烧死"及熔锡掉到线圈缝隙中。浇锡或浸锡时，温度不宜过高，以免损坏周围绝缘，并注意安全操作。

④ 磷铜焊和银铜焊。磷铜焊料中含磷的质量分数为 6% ~ 8%，熔点为 710 ~ 840℃。磷本身是很好的还原剂，因此焊接时不再需要助焊剂。银铜焊的助焊剂采用硼砂或 031 焊药。焊料一般是成条或成片的，一般采用焊接变压器的短路电流来实施加热，也可采用气焊，即以乙炔火焰加热线头，达到焊接目的。

焊接时，要防止燃伤绝缘，可在线头附近裹上水浸的石棉绳。焊接时防止焊料、焊剂掉到线圈缝隙中。

磷铜焊和银铜焊的主要优点是机械强度高，适用于电流大、工作温度高及可靠性要求较高的场合。

线头焊接后，应在线头处套好醇酸玻璃丝漆管，或用两层醇酸玻璃漆布包好，外面再用一层玻璃丝带扎紧。

4）冷压接工艺。二次接线目前普遍采用冷压接代替线头焊接工艺，使用方便、质量可靠。冷压接所采用的接线端头由 T2 纯铜板冲压成形，并根据使用环境条件可镀镉或镀银。冷压接可使用坑压或环压两种压接工具，压接工具的压头硬度应不低于 40HRC，压坑深度为端头外径的 1/2，压具应能保证每平方毫米导线截面所受的力不低于 588N，可用手压、气压或液压，使其压力满足冷压端头时的要求。

7. 绑扎

为了使电动机能长期可靠运行，需要将绕组端部绑扎牢固。

绕组全部嵌入接线完成后，检查绕组外形、端部排列及相间绝缘，待符合要求后，将木板垫在绕组端部，用手锤轻轻敲打，使绕组两端形成喇叭口，其直径大小要适宜，既要有利于通风散热，又不能使端部离机座太近，如图 4 -62 所示。

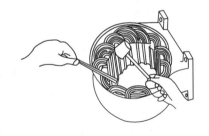

图 4 -62　把绕组端部敲成喇叭口

端部整形后，修剪相间绝缘，使其高出绕组 3 ~ 4mm。中小型电动机绕组端部需用无碱玻璃纤维带或聚酯纤维编织套管绑扎，以增加绕组的机械强度。中心高为 H80 ~ 132 机座的电动机，绕组端部每两槽绑扎一道；H160 ~ 315 机座的电动机，绕组端部每一槽绑扎一道。在有引接线的一端应把电缆和接头处同时绑扎牢，必要时应在此端增加绑扎层数。

8. 检查和测试

为了保证更换定子绕组的质量，定子绕组经嵌线、接线、绑扎后，应进行下列检查和试验：

（1）检查的项目和方法。

1）外表检查。要求嵌入的线圈直线部分应平直整齐，端部没有严重的交错现象；导线绝缘损伤部位的包扎和接头处的包扎应当正规，相间绝缘应当垫好；端部绑扎应当牢固，端部的形状和尺寸应当符合要求；槽楔不超过铁心的内圆面，伸出铁心两端的长度要近似相等，槽楔端部不应破裂，应有一定的紧度。

2）绕组是否有接地。由于绕组绝缘损坏，绕组中的导线和机座、铁心相碰，造成接地故障。

接地故障的检查方法如下：

① 观察法。观察绕组端部接近槽口处是否有绝缘破裂。

② 灯泡检查法。拆开三相绕组之间的连接片，使之互不接通。检查时把小灯泡和电池串联，一根引线接机座，另一根引线分别接各组绕组的出线头，如果灯亮，说明该相绕组接地。

③ 兆欧表法。检查步骤与灯泡检查法基本相同。如果发现绕组对机座的电阻很小或为零，则该相绕组已接地。

3）绕组是否有短路。由于绕组绝缘损坏，就会造成短路故障。常见的短路故障有：同相绕组内的线圈匝间短路；两相邻线圈间短路；一个极相绕组线圈的两端之间短路；两相绕组之间的短路。

短路故障的检查方法如下：

① 兆欧表或万用表法。拆开三相绕组的接头，用兆欧表或万用表检测任何两相之间的绝缘电阻，若电阻几乎为零，则表明该两相短路。

② 直流电阻法。当绕组短路较严重时，可用电桥测各相绕组的直流电阻，若某相的阻值较小，则可能存在短路故障。

薄铁片或手锯片

图 4-63　短路侦察器检查短路

③ 短路侦察器法。短路侦察器是按照变压器原理制成的铁心线圈，其铁心用 H 形硅钢片叠成，凹槽中绕有线圈。测试时，侦察器线圈的两端接上单相交流电源，将侦察器铁心的开口部分放在定子铁心的槽口上，如图 4-63 所示。若槽中线圈无短路，则侦察器的电流表 A 读数小；若有线圈短路，则电流表的读数增大。也可将一块薄钢片或手锯片放在被测线圈的另一边槽口上，若被测线圈短路，则此钢片就会产生振动。把侦察器沿定子铁心内圆逐槽移动检查，便可查出短路的线圈。使用短路侦察器检查绕组匝间短路效果较好。

4）绕组是否有断路。由于接线头焊接不良，绕组受到机械损伤、短路或接地故障，引起并绕导线中有一根或几根导线断线，造成断路故障。断路故障多数发生在电动机绕组的端部、各绕组元件的接线头或电动机引出线端等附近。常见的断路故障有：绕组导线断路；一相绕组断路；并绕导线中有一根或几根断路；并联支路断路。

断路故障的检查方法如下：

① 万用表或兆欧表法。把电动机接线盒内的连接片取下，用万用表或兆欧表测的各相绕组的电阻，电阻大到几乎等于绕组的绝缘电阻时，表明该相存在断路故障。

② 灯泡检查法。小灯泡与电池串联，两根引线分别与一相绕组的头尾相接，若灯泡不亮，表明绕组断路。

以上两种方法适用于无并联电路，如有并联支路则采用以下方法：

③ 三相电流平衡法。对于星形连接电动机，按图 4-64 将三相绕组并联，通入低压大

电流，如三相电流值相差5%，电流小的一相为断路。对于三角形连接的电动机，先将三角形接头拆开一个，然后通入低压大电流，用电流表逐相测量每相绕组的电流，其中电流小的一相为断路相。

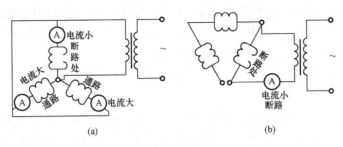

图4-64 电流平衡法检查并联线圈

(a) 星形连接；(b) 三角形连接

④ 电阻法。用电桥测量三相绕组的电阻，若三相电阻值相差大于5%时，电阻较大的一相为断路相。

5) 绕组是否有接错或嵌反。由于工作疏忽或对绕组联结规律不熟悉，容易使绕组接错，如线圈嵌反、线圈组接反、头尾接错、并联支路接错或丫、△连接错误等。

绕组接错故障的检查方法如下：

① 滚珠检查法。定子绕组施加三相交流低电压，若滚珠不沿定子内圆周表面上旋转滚动，表明绕组有接错故障。

② 指南针检查法。把3~6V的直流电源通入绕组的一相，如图4-65所示，用指南针沿定子内圆周表面依次移动检查。当指南针经过相邻的两个极相组时，指示的极性不变，说明有一极相组接反；若指南针经过某一极相组时，指向不定，表明该组内有接反的线圈。

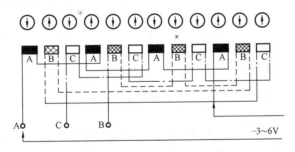

图4-65 指南针检查法接线图

(2) 测试的项目和方法。

1) 直流电阻的测定。测量直流电阻主要检查其三相绕组的直流电阻是否平衡，要求误差不超过平均值的4%。由于绕组接线错误、焊接不良、导线绝缘层损坏或线圈匝数有误差，就会造成三相绕组电阻不平衡。

根据电动机功率大小，绕组的直流电阻可分为高电阻与低电阻，电阻在10Ω以上为高电阻，10Ω以下为低电阻。其测量方法如下：

① 高电阻的测量。用万用表测量，或用伏安法测量，应测量三次，取其平均值。

② 低电阻的测量。用精度较高的电桥测量，应测量三次，取其平均值。

2）绝缘电阻的测量。测量绝缘电阻主要检验绕组对地绝缘和相间绝缘，要求绝缘良好。由于绕组对地绝缘不良或相间绝缘不良，就会造成绝缘电阻过低而不合格。

测量绝缘电阻一般使用兆欧表，其方法如下：

① 测量对地绝缘电阻。把兆欧表标有"L"符号的一端接至电动机绕组的引出线端，把标有"E"符号的一端接在电动机的机座上，以 120r/min 的速度摇动兆欧表的手柄进行测量。测量时既可分相测量，也可三相并在一起测量。

② 测量相间绝缘电阻。把三相绕组的 6 个引出线端连接头全部拆开，用兆欧表分别测量每两相的绝缘电阻。

绝缘电阻的测量，对于 500V 以下的低压电动机，可用 500V 兆欧表测量。根据国家标准规定，绕相重绕后的电动机，室温下的绝缘电阻不低于 5MΩ。如果低于此值，必须经干燥处理后才能进行耐压试验。

3）耐压试验。耐压试验用以检查电动机的绝缘和嵌线质量。耐压试验包括绕组对地、绕组相互之间及绕组内匝间绝缘的耐压试验。一般耐压试验是在绝缘电阻测试合格后进行，通过耐压试验可以确切地发现绝缘的缺陷，以免在运行中造成绝缘击穿故障，并可以确保电动机使用寿命。

在绕组对机座及绕组各相之间施加一定的 50Hz 交流电压，历时 1min 而无击穿现象为合格。耐压试验在专用的试验台上进行，每一个绕组都应轮流作对机座的绝缘试验，此时试验电源的一极接在被试绕组的引出线端，而另一极则接在电动机的接地机座上。在试验一个绕组时，其他绕组在电气上都应与接地机座相连接。低压电动机的定子绕组试验电压见表 4－11。三相异步电动机定子绕组重绕修理后，其耐压试验也可参照执行。

表 4－11　　　　　低压电动机定子绕组试验电压

试验阶段	1kW 以下	1.1～3kW	4kW 以上
嵌线后未接线	$2U_N+1000V$	$2U_N+2000V$	$2U_N+2500V$
接线后未浸漆	$2U_N+750V$	$2U_N+1500V$	$2U_N+2000V$
总装后	$2U_N+500V$	$2U_N+1000V$	$2U_N+1000V$

进行耐压试验时，必须注意安全，防止触电事故发生。

9. 绝缘处理

若电动机的绕组绝缘受潮，将使电动机的绝缘电阻明显下降。因此，电动机定子绕组接线完毕后，必须经过绝缘浸漆处理，以提高绕组的绝缘强度、耐潮性、耐热性及导热能力，同时也增加了绕组的机械强度和耐腐蚀能力。要求浸漆与烘干严格按绝缘处理工艺进行，以保证绝缘漆的渗透性好、漆膜表面光滑和机械强度高，使定子绕组粘结成为一个结实、耐热和耐潮的整体。

目前，B、F 级绝缘的电动机定子绕组的绝缘处理，一般采用 1032 三聚氰胺醇酸树脂漆或 1140 无溶剂浸渍树脂漆，溶剂为甲苯、二甲苯或苯乙烯，浸漆次数为两次，其工艺过程由预烘、浸漆、烘干三个主要工序组成。

（1）预烘。

绕组在浸漆前应先进行预烘，预烘的目的是驱除绕组中的潮气和提高绕组浸漆时的温度，以提高浸漆质量和漆的渗透能力。

预烘温度 B 级绝缘一般控制在 120℃左右，时间随电动机的大小而定，为 6～10h。预烘时，用兆欧表测量绕组的对地绝缘电阻，每隔 1h 测量一次，同时记录当时的温度，直到连续三次绝缘电阻不再发生变化，说明绝缘电阻已经稳定，绕组内部已经干燥，预烘即告完成。

（2）浸漆。

在电动机经过预烘后，当绕组温度降到 60～80℃时，将电动机浸入漆槽内进行浸漆。浸漆时应注意电动机的温度、漆的黏度以及浸漆时间等问题。

如果电动机温度过高，漆中溶剂迅速挥发，使绕组表面过早形成漆膜，而不易浸透到绕组内部，且造成材料浪费；但温度过低，失去预烘作用，漆的黏度增大，流动性和渗透性较差，也使浸漆效果不好。实践证明，电动机温度在 60～80℃时浸漆为宜。

漆的黏度选择应适当，第一次浸漆时，希望漆液渗透到绕组内部及槽内各间隙中去，因此要求漆的流动性好一些，故漆的黏度应该较低，一般可取 22～26s（20℃、4 号黏度计），第二次浸漆时，主要希望在绕组表面形成一层较好的漆膜，因此漆的黏度应该大一些；一般取 30～38s 为宜。由于漆温对黏度影响很大，所以一般规定以 20℃为基准，故测量黏度时应根据漆的温度作适当调整。

浸漆时间的选择原则是：第一次浸漆时，希望漆能尽量渗透到绕组内部，因此浸漆时间应长一些，为 15～20min；第二次浸漆时，主要是形成较好的表面漆膜，因此浸漆时间应短一些，以免时间过长反而将漆膜损坏，故以 10～15min 为宜。但一定要浸透，一般以不冒气泡为准，否则要适当延长浸漆时间。

每次浸漆完成后，都要把定子绕组垂直放置，滴干余漆，时间应大于 30min，并用溶剂将其他部位的余漆擦净。

（3）烘干。

余漆滴干后，即可进行烘干，烘干的目的是使漆液中的溶剂和水分挥发掉，并使漆基固化形成漆膜，使绕组与漆膜形成牢固的整体。

烘干过程由两个阶段组成：第一是低温阶段，目的是使漆中溶剂挥发掉，温度控制在 70～80℃，烘 2～3h，这样使溶剂挥发比较缓慢，以免表面很快结成漆膜，致使内部气体无法排出、绕组表面形成许多气孔或烘不干；第二是高温阶段，目的是使漆基固化，在绕组表面形成坚固的漆膜，温度控制在 130℃左右，烘 6～18h，具体时间根据电动机大小及浸漆次数而定。烘干过程中，每隔 1h 用兆欧表测量一次绕组对地的绝缘电阻，开始时绝缘电阻下降，以后逐渐上升，最后 3h 内必须趋于稳定，一般对地绝缘电阻在 5MΩ 以上，绕组才算烘干。

烘干方法一般采用热风循环干燥法、电流干燥法和灯泡干燥法等，但电流干燥法和灯泡干燥法均为简易烘干方法，工艺不易掌握，质量较难保证。为此，一般均采用热风循环干燥室烘干。有关烘干设备和方法介绍如下：

1）热风循环干燥室。又称烘房，其结构原理如图 4-66 所示，一般用耐火砖砌成，有内外两层，中间填充隔热材料，以减少热损失。发热器可采用电热丝、煤气或蒸汽加热。热源不能裸露在干燥室内，因绝缘漆中的溶剂很容易燃烧。干燥室外装有鼓风机，将发热器产生的热量均匀地吹入干燥室内。这种结构的干燥室空气流动快，室内温度较均匀，烘干效率高。不装鼓风机的也可使用，但温度不够均匀，烘干时间较长。

随着科学技术的发展，电热干燥箱或由远红外加热的热风循环干燥室已得到广泛应用。

电热干燥箱具有恒温控制、使用方便的优点；远红外加热的热风循环干燥室具有耗电省、使用和维修方便等优点。

2）电流干燥法。小型电动机采用电流干燥法，如图 4 - 67 所示。在定子绕组中通入单相 220V 交流电，电流控制在电动机额定电流的 50% 左右，为了控制温度，可以用水银温度计在电动机的铁心上测量温度，不使绕组超过允许温度，并随着测量电动机的绝缘电阻（测量绝缘电阻时必须切断电源），达到要求后即可停止通电。

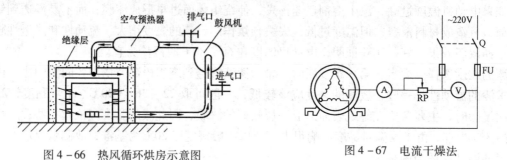

图 4 - 66　热风循环烘房示意图　　　　　　图 4 - 67　电流干燥法

3）灯泡干燥法。用红外线灯泡或一般灯泡使灯光直接照射到电动机定子绕组上，改变灯泡功率，即可改变温度。也可通过测量铁心温度控制绕组温度，并随着测量电动机的绝缘电阻，达到要求后即可停止干燥。

（4）浸渍干燥工艺要点。

1）工艺准备。检查浸漆用材料、设备与工具，调节绝缘漆的粘度；检查电动机定子绕组及绝缘是否有损伤或污迹，如有应给予修复或更换。然后清理电动机并用压缩空气吹净。

2）预烘。同批入烘的电动机定子规格应接近，如数量较多应分层堆放，以保证干燥室内通风良好和温度均匀。预烘过程中以不大于 30℃/h 的升温速率加热定子绕组，应使新鲜空气不断与干燥室内空气交换。

3）浸漆。浸漆时要求把定子绕组全部浸入漆中，漆面应高出绕组 200mm 以上，一直浸到没有气泡逸出，以保证浸透。

滴漆时先在漆槽上停留 5 ~ 10min 再置于滴漆盘上，滴漆后应检查槽楔等绝缘部位，如有异常情况应及时纠正。

4）烘干。要求与预烘基本相同，必须严格按照浸渍干燥规范进行，其干燥时间不包括升温过程的时间。

第一次浸漆烘干后，应趁热态检查和整理槽楔的不整齐部分；第二次浸漆烘干后，应趁热态将残漆刮、刷干净，不应使漆层高出铁心内圆表面。

5）检查。每批定子绕组绝缘处理时都应按规定作详细的检查和记录，定子绕组每次烘干结束都应检查，符合要求后方可取出。烘干后绕组表面漆膜应光滑、无裂纹和皱纹，色泽应均匀一致，手感无黏性并稍有弹性。

（5）浸渍干燥注意事项。

1）浸漆、干燥场所必须注意安全，应备有必要的防火器材及采取必要的消防措施。

2）浸漆、干燥场所应保持通风良好、清洁干燥，并加强劳动防护。

3）浸漆、干燥工艺应严格遵守操作规程，烘干过程中干燥室门不得任意打开，发现问题应及时停止操作。

4）绝缘漆、溶剂应按要求妥善存放在阴凉场所，并加强管理。

5）操作者应穿戴劳动防护服，并避免直接接触溶剂。

（6）电动机修理采用的其他浸漆工艺。

1）普通一次浸漆热沉浸工艺。采用一次浸漆工艺，其绝缘漆的黏度对电动机的各项性能均有影响，尤其是对绕组的导热性、防潮性、力学性能等方面的影响较为显著。

低黏度的漆虽然可以很好地渗入，但漆基含量少，当溶剂挥发后空隙较多；高黏度的漆难以渗入，不能浸透。因此，合理地选择漆的黏度是一次浸漆工艺中的主要矛盾，既要保证有足够的固体含量，又要保证有充分的渗透能力，因此黏度应适当。

普通一次浸漆工艺要点与普通二次浸漆工艺相同。低压电动机采用普通一次浸漆工艺具有缩短修理周期、节约绝缘漆等优点，虽其质量不如二次浸漆，但在电动机修理中目前应用仍较多。

2）无溶剂漆热沉浸工艺。为了解决电动机绝缘处理中有溶剂漆的浸烘周期长、质量不高和劳动条件差等矛盾，可采用环氧树脂无溶剂漆，如 EIU、319 – 2 等。其浸漆工艺和工艺参数与 1032 漆大致相同。由于无溶剂漆的漆基在 90% 以上，填充性能好，表面不会有溶剂挥发留下的气孔，所以耐潮性、绝缘强度和机械强度都较好。可减少浸烘次数，缩短浸烘周期。低压电动机采用无溶剂漆热沉浸一次即可。

3）浇漆或滚浸工艺。在无浸漆设备情况下，可采用简易浸漆工艺——浇漆或滚浸，该工艺对绝缘漆的要求及干燥工艺与普通二次浸漆热沉浸工艺相同。

浇漆时，先浇绕组一端，再浇另一端，要浇得均匀，各部分都要浇到，最好重复浇几次。待余漆滴干后，用溶剂将其他部分的余漆擦净，送去烘干。

滚浸时，应使绝缘漆浸没一部分绕组，滚动定子使绕组端部和槽内间隙均能浸透，最好重复滚几次。清除余漆方法同上。

浇漆与滚浸质量不如普通二次浸漆热沉浸工艺，它适用于少量电动机修理或直径较大的电动机绝缘处理。

三、三相异步电动机修理后的检查和试验

电动机经局部修理或定子绕组拆换后，即可进行装配。为了保证修理质量，必须对电动机进行一些必要的检查和试验，以检验电动机质量是否符合要求。为此，要求掌握有关电动机修理的测试技术。

电动机在试验开始前，要先进行一般性的检查。检查电动机的装配质量，各部分的紧固螺栓是否拧紧，引出线的标记是否正确，转子转动是否灵活。如果是滑动轴承，还要检查油箱的油是否符合要求。在确认电动机的一般情况良好后，才能进行试验。

1. 绝缘试验

绝缘试验的内容有绝缘电阻的测定、绝缘耐压试验及匝间绝缘耐压试验。试验时，应先将定子绕组的 6 个线头拆开。

（1）绝缘电阻的测定。定子绕组经过绝缘处理和装配等工艺，可能使绕组的对地绝缘和相间绝缘受损，必须按前述绝缘电阻的测定方法再次测定，其对地绝缘电阻和相间绝缘电阻亦应不小于 5MΩ。

（2）绝缘耐压试验。装配后绕组对机壳及各相之间耐压试验，应按前述耐压试验方法进行，其试验电压参考表 4-11 中的规定，历时 1min 无击穿现象为合格。

（3）匝间绝缘耐压试验。匝间耐压试验应在电动机空载试验以后进行，以检验定子绕组匝间绝缘有无损伤。试验时，把电源电压提高到额定电压的 130%，持续运行 5min，以不击穿为合格。对于绕组绝缘局部更换的电动机，可运行 1min。

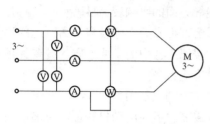

图 4-68　短路试验线路图

2. 短路试验

即堵转试验，线路如图 4-68 所示。在转子堵住不转的情况下，用调压器从零开始逐渐升高电压，使定子电流达到额定值，这时施加在定子上的电压称为短路电压。对于额定电压为 380V 的电动机，短路电压一般在 70~95V 之间认为合格，功率小的电动机一般取较大短路电压值。

短路电压过高，表示匝数太多，漏抗太大。这时电动机的性能表现为空载电流小，电动机过载能力差。

短路电压过低，表示匝数太少，漏抗太小。这时电动机的空载电流大，起动电流大，损耗大，功率因数、效率均不合格，温升高，功率不足。

短路电压必须在规定范围内电动机才能正常运转，如果短路电流三相不平衡，则表示定子绕组有短路、接错或转子断条等现象。

3. 空载试验

空载试验是在定子绕组上施加额定电压，使电动机不带负载运行。空载试验是测定电动机的空载电流和空载损耗功率的。利用电动机空转还可检查电动机的装配质量和运行情况。空载试验线路与短路试验相同。在试验中，应注意空载电流的变化，测定三相空载电流是否平衡、空载电流与额定电流百分比是否超过范围，要求空载试验 1h 以上。同时，还应检查电动机是否有杂声、振动；检查铁心是否过热、轴承的温升及运转是否正常。

由于空载时电动机的功率因数较低，为了测量准确，宜选用低功率因数功率表来测量功率。电流表和功率表的电流线圈要按可能出现的最大空载电流来选择量程。起动过程中，要慢慢升高电压，以免过大的起动电流冲击仪表。修理时也可用钳形电流表测定空载电流。三相空载电流不平衡应不超过 5%，如相差较大及有嗡嗡声，则可能是接线错误或有短路现象。空载电流与额定电流百分比见表 4-12，如空载电流过大，表明定子与转子间气隙超过允许值，或定子绕组匝数太少；若空载电流过低，表明定子绕组匝数太多，或三角形误联成星形、两路误接成一路等。

表 4-12　　　　　　　　　　　电动机空载电流与额定电流百分比

极数＼功率	0.125kW	0.55kW 以下	2.2kW 以下	10kW 以下	55kW 以下	125kW 以下
2	70~95	50~70	40~55	30~45	23~35	18~30
4	80~96	65~85	45~60	35~55	25~40	20~30
6	85~97	70~90	50~65	35~65	30~45	22~33
8	90~98	75~90	50~70	37~70	35~50	25~35

4. 温升试验

电动机的温升试验必须在电动机满载运行时，温度达到稳定的情况下测定，从电动机开始运转到电动机温度稳定需要几小时，当电动机温度稳定后，使酒精温度计的玻璃球紧贴线圈进行测量，也可将酒精温度计的玻璃球用锡箔紧裹后，再紧贴线圈进行测量。对于封闭式电动机，可将吊环旋出，将酒精温度计的玻璃球用锡箔紧裹，塞入吊环孔测量（四周用棉絮裹住）。测出的温度是电动机表面的温度，它比绕组内部温度最高点大约低10℃，因此应把测得的温度加10℃，再减去环境温度，就是电动机的温升。

一、三相异步电动机的拆装

训练目的

（1）掌握电机维修拆装工具的使用方法，并能正确地选用拆装工具。

（2）掌握正确拆卸三相异步电动机的工艺、方法步骤。

（3）掌握三相异步电动机装配工艺、方法与步骤。

（4）了解三相异步电动机的结构。

工具、设备和器件

手锤、铜棒、木槌、扁凿、拉具、皮老虎、钠基润滑油、板尺、三相异步电动机等。

训练步骤与要求

（1）按第三节的要求做好拆卸前的准备。

（2）按第三节拆卸步骤和方法逐步拆卸各部件。

（3）用皮老虎吹净电动机内部灰尘，检查电机各部件的完好性。

（4）清洗油污、轴承清洗干净后应放在干净处待用。

（5）按第三节装配要求和方法步骤进行装配，轴承内加入钠基润滑脂时，不能加满。

（6）检查安装是否紧固，机轴旋转灵活，无异常现象。

电动机拆装注意事项

（1）拆卸转子时注意不得损伤定子绕组，应用纸板垫在绕组端部加以保护。

（2）直立转子时，轴伸端面应垫木板加以保护。

（3）装端盖前应用粗铜丝从轴承装配孔伸入钩住内轴承盖以便装配外轴承盖。

（4）用热套法套轴承时，温度达到100℃时就应停止加热，停留一定时间，立即进行热套，工作场地应放置干粉灭火器。

（5）拆卸时不能用手锤直接敲击零部件，应用铜棒或木棒，拆卸前端盖止口应打装配记号。

二、三相异步电动机的绕组大修

训练目的

（1）了解电动机的绕组结构及线圈绕制工艺。

(2) 掌握电动机绕组嵌线工艺，接线方法。

(3) 学习并掌握三相异步电动机绕组大修过程和工艺。

(4) 了解电动机修理绝缘的处理。

(5) 训练电动机绕组修理工具的使用方法。

工具、设备和器件

(1) 压线板、划线片、小锤、木槌、绕线机和绕线模。

(2) 漆包线、绝缘纸、槽楔、引线、套管。

(3) 引线焊接设备。

(4) 实训用电动机定子。

训练步骤与要求

(1) 清理电动机定子并记录定子的有关技术数据。

(2) 选用绕线模、做好绕线准备工作。

(3) 按第四节相关绕线要求绕制线圈。

(4) 安放槽绝缘，按第四节相关要求裁剪、安放好绝缘纸。

(5) 嵌线，按第四节嵌线工艺要点和嵌线步骤进行。

(6) 接线，按接线草图进行，先进行一次接线，再接引出线。初步接好后要进行仔细检查，确保无误后方可焊接。

(7) 绑扎和整形，按第四节相关内容和要求对绕组端部进行绑扎并整形。

电动机绕组大修注意事项

(1) 嵌线时注意不要损伤槽口部绕组绝缘。

(2) 不准用铁锤敲打绕组，以防损伤导线绝缘。

(3) 焊接线头时采用锡焊要防止焊锡滴漏到绕组中去。

三、电动机绕组大修后的检查和测试

训练目的

(1) 了解绕组大修后的检查和测试项目。

(2) 掌握检查和测试的方法。

(3) 进一步掌握电工仪器仪表的使用方法。

(4) 学会根据测试结果判断电动机绕组存在问题。

工具、设备和器件

(1) 电工仪表　万用表、兆欧表、钳形电流表、单臂电桥。

(2) 电工设备　三相调压器、380V三相交流电源。

(3) 其他器件　检查旋转磁场用小笼型转子（或指北针）、导线等。

训练步骤与要求

(1) 检查三相绕组的相间绝缘和对机壳的绝缘情况。

(2) 检查三相绕组的直流电阻（是否对称）。

(3) 通电测试：用三相调压器将三相电源电压调到36V，接通电动机三相绕组，测试三相电流（是否平衡）。

(4) 检查旋转磁场：将模拟笼型转子插入电动机定子中，看转子的转动情况。

绕组大修后检查测试注意事项

（1）使用电工仪表、仪器时要注意设备的安全。

（2）通电测试时要注意人身安全。

（3）检查或测试若存在问题时，应运用所学知识分析判断故障原因、地点，排除故障后重新检查或测试。

项目五

接地电阻的测量

基本知识

在电力系统中，为了防止电力设备的绝缘层被击穿和因漏电使电力设备的外壳带电，一般应对外壳进行接地保护。此外，为了防止雷电的侵袭，对于高大建筑物、高压输电线等，都需装设避雷设置，而避雷针或避雷器等都需可靠地接地。为了保证接地的可靠性，其接地电阻应保证在一定的范围内。

第一节　接地电阻测量的概念

接地是在导线的下端焊接金属管、金属棒或金属板等，然后埋入地下，构成"接地极"。因此，接地装置的接地电阻是由接地线电阻、接地极电阻、接地极与大地的接触电阻和大地的散流电阻组成。其中大地的散流电阻在接地电阻中起主要作用。理论分析和实验证明，大地电阻主要集中于接地电极附近很小的范围，距离接地电极越远，其大地电阻就越小，在距接地点 20m 以外，大地电阻几乎为零。在实际测量中，总是把靠近接地电极 20m 左右所测得的电阻值作为接地电阻值。此外，考虑到直流电流通过大地时会发生极化现象而影响测量结果，在测量时所使用的电源应是交流或断续直流电源。测量接地电阻常用的方法有电压表 – 电流表法、电桥法和接地电阻测量仪测量等。

第二节　接地电阻测量仪的使用

一、接地电阻测量仪的结构和用途

ZC – 8 型接地电阻测量仪的原理电路图和外形图如图 5 – 1 所示，接地电阻测量仪是专门用来测量接地电阻的仪器。

二、接地电阻测量仪的使用

1. 准备工作

测量前应先将与被测接地极相连的电气设备的电源断开，并采用相应的安全措施，再拆开被测接地极与设备接地线连接处预留的断开点，并打磨干净，以减小接触电阻。测量前，还应对仪表进行检查和试验。

（1）检查仪表的外观应完好无损，量限挡位开关应转动灵活，挡位准确；标度盘应转动灵活。

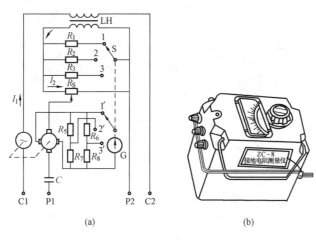

图 5 - 1　ZC - 8 型接地电阻测量仪

（a）原理电路图；（b）外形图（三端钮式）

（2）将仪表水平放置，检查指针是否与仪表中心刻度线重合，若不重合，应调整使其重合，以减小测量误差。此项调整相当于指示仪表的机械调零，在此称为调整指针与中心分度线重合。

（3）对仪表进行短路试验的目的是检查仪表的准确度。一般应在最低量限挡进行，方法是将仪表的接线端子 C1、P1、P2、C2（或 C、P、E）用裸铜线短接，摇动仪表摇把后，指针向左偏转，此时边摇边调整标度盘旋钮。当指针与中心分度线重合时，指针应指向标度盘上的"0"，即指针、中心分度线和标盘上的 0 分度线，三位一体成直线。若指针与中心分度线重合时未指向"0"，如差一点或过一点，则说明仪表本身就不准，测出的数值也不会准。

（4）仪表的开路试验，目的是检查仪表的灵敏度。一般应在倍率最大挡进行，方法是将仪表的四个接线端子中的 C1 和 P1、P2 和 C2 分别用裸铜线短接（三接线端子的仪表只需将 C 和 P 短接），此时仪表为开路状态。进行开路试验时，只能轻轻转动手柄，此时指针向右偏转，在不同挡位时，指针偏转角度也不一样，以倍率最低挡（×0.1 挡）偏转角度最大，灵敏度最高，×1 挡次之，×10 挡偏转角度最小。

为了防止用低挡次（如×0.1 挡）快速摇动手柄做开路试验时将仪表指针损坏，仪表一般不做开路试验。另外，从发电机绕组绝缘水平较低考虑，也不宜进行开路试验。

2. 接地

（1）5m 测试线，接仪表 P2、C2（或 E）及被测接地极；20m 测试线，接仪表 P1（或 P）及电位辅助探测针；40m 测试线接仪表 C1（或 C）及电流辅助探测针。

（2）实际接线示意图如图 5 -2 所示。

（3）电位和电流辅助探测针应插在距被测接地极同一方向 20m 和 40m 的地面上，一般用锤子向下砸，插入土壤中深度为探测针长度的 2/3。如果仪表灵敏度过高，可插得浅一些；如果仪表灵敏度较低，可插得深些或注水湿润。测试线端的鳄鱼夹子，应夹在探测针的管口上，接触应良好。

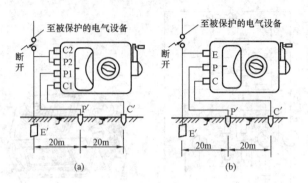

图 5 - 2　接地电阻测量仪接线图

（a）四端钮式测量仪的接线；（b）三端钮式测量仪的接线

E'—被测接地极；P'—电位探测针；C'—电流探测针

3. 正确测试

（1）根据被测接地电阻值选好倍率挡位，测量工作接地、保护接地、重复接地时，应选×1挡。

（2）仪表应水平放置，并远离电场。

（3）检查接线正确无误后，即可进行测试，测试时以 120r/min 转速摇动手柄，边摇边调整标度盘旋钮。调整旋钮方向应与指针偏转方向相反，直至调整到指针与中心刻度线重合为止。此时，指针所指的标度盘上数值乘以倍率即为实际测量值。

（4）测量中如指针所指的标度盘上的数值小于 1 时，应将挡位开关调到倍率较低的下一挡位上重新测量，以取得精确的测量结果。

4. 安全注意事项

（1）不准带电测量接地装置的接地电阻。测试前，必须将有关设备或线路断开电源，并断开与被测接地极有关的连线后才可进行。

（2）雷雨季节特别是阴雨天气时，不得测量避雷装置的接地电阻。

（3）易燃易爆的场所和有瓦斯爆炸危险的场所（如矿井中），应使用 ZC - 18 型安全火花型接地电阻表。

（4）测试线不应与高压架空线或地下金属管道平行，以防止干扰影响测量准确度。

（5）测试中应防止 P2、C2（或 E）与被测接地极断开的情况下（已形成开路状态）继续摇测。

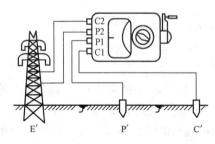

图 5 - 3　测量小于 1Ω 电阻时的接线

（6）使用四接线端子 1 ~ 10 ~ 100Ω 规格的仪表测量小于 1Ω 的电阻时，应将 P2、C2 接线端子的联片打开，分别用导线连接到被测接地极上，以消除测量时因连接导线的电阻产生的误差。其接线如图 5 - 3 所示。

（7）测量接地电阻最好在春季（3 ~ 4 月）或冬季（指南方）进行，这个季节气温偏低，降雨最少，土壤干燥，土壤电阻率最大。如果在这个季节测量接地电阻合格，就能保证其他季节中接地电阻都在合格的范围内。

三、常用接地电阻最低合格值

（1）电力系统中工作接地不得大于 4Ω；保护接地不得大于 4Ω；重复接地不得大于 10Ω。

（2）对于防雷保护，独立避雷针不得大于 10Ω；变、配电所母线上阀型避雷器不得大于 5Ω；低压进户线绝缘子铁脚接地的接地电阻不得大于 30Ω；烟囱或水塔上避雷针不得大于 30Ω。

用接地电阻测量仪测量接地电阻

训练目的

（1）熟悉接地电阻测量仪的构造。

（2）掌握用接地电阻测量仪测接地电阻的方法。

工具设备和器材

ZC－8 型接地电阻测量仪、连接导线等。

训练步骤与要求

（1）做好测量前的准备工作。

（2）按图 5－2 正确连接。

（3）测量接地电阻值。

项目六 ||||||

电工简易检测装置的制作

基本知识

　　在电工实训中，设计和制作一些简单的电工仪器仪表等装置有助于加强电工基础理论的学习和综合能力的培养。本课题以温度检测装置、光照检测装置和三相交流电源相序检测器为例，介绍非电量检测装置设计与制作的思路和方法。

第一节　非电量检测装置的设计与制作

　　非电量检测装置的设计与制作，要用到一些对非电量（如温度、压力、光照强度等）敏感的特殊元器件，例如，对温度很敏感的热敏电阻器，对光照强度很敏感的硅光电池。利用这些特殊元器件来设计电路，再进行安装、制作、调试后，就可作为一个非电量的检测装置。

一、温度检测装置的设计与制作

　　1. 热敏电阻器的介绍

　　热敏电阻器是一种对温度很敏感的电阻器，是一种阻值随温度的改变而发生显著变化的敏感元件。它可以将热（温度）直接转换为电量，在工作温度范围内，其阻值随温度升高而增加的热敏电阻器，称为正温度系数热敏电阻器；反之称为负温度系数热敏电阻器。热敏电阻器除具有阻值随温度显著变化的特性外，还具有体积小、反应快、使用方便等优点，因此，被广泛应用于各个领域。

　　（1）热敏电阻器的分类。

　　热敏电阻器可以从结构、材料和电阻温度特性等多方面进行分类。按结构形状分类有片状、垫圈状、杆状、管状、薄膜状、厚膜状和其他形状等；按加热方式分类有直热式和旁热式；按工作温度范围分类有常温、高温和超低温等；按制造材料分类有金属氧化物、半导体单晶、半导体多晶、玻璃半导体和有机半导体等。

　　（2）热敏电阻器的外形和电路符号。

　　1）热敏电阻器的外形。热敏电阻器的种类很多，常见的外形如图 6－1 所示。

　　2）热敏电阻器的图形符号。该产品的种类和规格虽然很多，但在电路中的图形符号都一样，如图 6－2 所示。

　　（3）热敏电阻器的应用。

　　热敏电阻器分为正温度系数热敏电阻器和负温度系数热敏电阻器。在工作温度范围内，正温度系数热敏电阻器的阻值随温度的升高而增加，负温度系数热敏电阻器的阻值随温度的

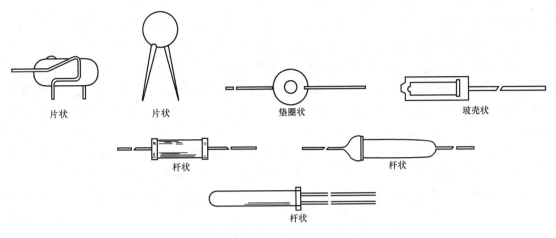

片状　　　　片状　　　　垫圈状　　　　玻壳状

杆状　　　　杆状

杆状

图6-1　热敏电阻器的外形

降低而增加。在实际使用中要注意，热敏电阻器的电流不
要超过一定的值，否则会由于其自身的发热引起阻值的
变化。

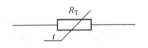

图6-2　热敏电阻器的图形符号

热敏电阻器的应用范围很广，最常见的是温度测量和
温度补偿。

1）温度测量。根据热敏电阻器的特点，可以在摇测、环境恶劣、微小温差、不追求长
期稳定、小空间、低于400℃等情况下测温。桥式温度计比较精密，它把热敏电阻器连在一
个桥臂上，利用阻值随温度变化而使电桥产生不平衡来测量温度，如高灵敏度表头，可测量
0.000 5℃的温度变化。

2）温度补偿。在仪器仪表及各种家用电器中，常用热敏电阻器作为补偿电阻。由铜线
绕制的线圈在环境温度变化时，线圈电阻的变化较大，影响到仪表的测量精度。通常可用负
温度系数热敏电阻器进行温度补偿。

（4）热敏电阻器的质量检查。

严格来讲，由于热敏电阻器对温度很敏感，一般不宜用万用表直接检查它的阻值，因为
用万用表检测时，回路的电流比较大，通过热敏电阻器时会因发热而造成测量误差，最好用
电桥法并采用一定的恒温措施。如果在要求不高的情况下，允许有一定的测量误差时，可以
用万用表检查。

用万用表测量室温条件下的热敏电阻器阻值，看是否正常，如果测得的电阻值太大或为
无穷大，可能是内部断路或接触不良；如果测得的电阻值太小或为零，可能是内部击穿
短路。

如果在室温条件下测量正常，可进一步用万用表检查它的特性。在用万用表测量热敏
电阻器阻值的同时，用人体给它加热，使其温度上升，这时应看到电阻值随温度的变化
而变化。如果体温比较低，不足以使阻值发生明显变化，可把热敏电阻器靠近电烙铁进
行加热，随着温度的上升观察电阻值的变化。当温度升高，阻值增大时，表明这是正
温度系数的热敏电阻；当温度升高，阻值反而减小时，表明这是负温度系数的热敏
电阻。

2. 温度转变为电量进行测量的方法

在日常生活中，有时需要测量设备的温度或者温度的变化情况，以使设备维持正常的工作。因此，检测温度也就成了电工测量中的一个重要内容。往往我们先把它转换成电流或者电压等电量的形式，然后对电量进行测量，通过电量的形式，反映出温度的值。通常我们用热敏电阻的阻值随着温度变化而变化的特点，即把温度的变化量，通过某一装置中的热敏电阻的阻值变化，转化为电流或电压的变化，对电流或电压的测量，用表针指示出相应的温度变化。

可以用两种方法进行转换，一种是利用电桥的原理进行，四个桥臂中的三个为标准电阻，另一个桥臂为热敏电阻，检流计用毫伏表或毫安表代替，刻度标出相应的温度值，当热敏电阻随温度变化而变化时，电桥失去平衡，电流表内电流发生变化，表针指示相应的温度。

另一种是用电压表检测热敏电阻上的电压变化，热敏电阻的电源可以用一个稳定的恒流源，当温度变化时，热敏电阻的阻值相应变化，其两端电压也相应变化，电压表刻度盘标出相应的温度值。

3. 温度检测装置的电路设计及元器件的选择

检测装置的电路是将被测电量或非电量转换为测量机构能直接测量的电量，因此，测量电路的设计，必须根据测量机构能够直接测量的电量与被测量的关系来确定。它一般由电阻、电容、电感及其他电子元件和仪表等构成。

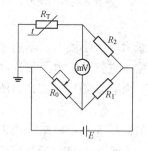

图 6 – 3　温度检测装置的
电路原理图

1）温度检测装置的电路原理。

温度检测装置的电路原理如图 6 – 3 所示。热敏电阻接入桥式电路中，图中 R_1、R_2 为固定标准电阻，R_0 是一个微调电位器，R_T 为测温用的热敏电阻，这四个电阻组成电桥。

设初始时，热敏电阻 R_T 的阻值为 R_{T0}，调整微调电位器 R_0，使电桥处于平衡状态，则有

$$R_1/R_0 = R_2/R_{T0}$$

毫伏表两端的电压为零。

当温度变化时，热敏电阻随温度的变化，其阻值发生变化，引起电桥的不平衡，电桥失去平衡，毫伏表的指针将发生偏转，指示相应的温度。

2）温度检测装置中电路元器件的选择。

热敏电阻选用负温度系数热敏电阻器，外形为片状，型号为 MF11E，标称阻值为 100Ω，额定功率为 0. 25W。由电阻电桥的知识可知，要使热敏电阻 R_T 在同一温度变化下，毫伏表的两端电压最大，应使 $R_1 = R_0 = R_2 = R_{T0}$。故电阻 R_1、R_2 的阻值相等，选用金属膜电阻，标称阻值为 150Ω，额定功率为 0. 25W。可变电阻选用微调电位器，标称阻值为 100Ω。电源选用 5V 电池式稳压电源。毫伏表选用 85C17 型。

4. 温度检测装置的制作与调试

温度检测装置的电路板图如图 6 – 4 所示。

元件经检测合格后，按图 6 – 4 进行安装，先安装电桥中的四个电阻。外形较小的毫伏表可卡在印制电路板的开槽上，用两根软导线把毫伏表接到图 6 – 4 的 a、b 两点，由 c、d

两点引出两根导线去引接 5V 电源。安装后检查无误。即可通电调试。

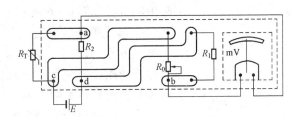

图 6-4　温度检测装置的电路板图

在环境温度下，用一字型小钟表旋具调节微调电位器，使毫伏表的指示值为 0，表示在环境温度下，温度检测装置的电桥处于平衡的状态。然后用手去触摸热敏电阻，或用恒温电烙铁通电发热去靠近热敏电阻，若发现毫伏表的指针发生偏转，表明此时随着温度的增高，热敏电阻的阻值发生变化，温度检测装置的电桥失去平衡，毫伏表的两端有电压，指针发生偏转。当手离去，或拿开恒温电烙铁时，若发现毫伏表的指针往回偏转，表明此时随着温度的降低，温度检测装置的电桥又向平衡点靠近，毫伏表两端的电压逐渐减小，指针往回偏转。至此，温度检测装置的安装调试初步完成。

二、光照检测装置的设计与制作

1. 光电池简介

光电池是一种太阳能电池，它是把光能直接转换成电能的器件。也就是说，当把一定强度的光线照射到该器件上时，它会产生一定的电压或电流。光电池一般以硅半导体为主要材料，所以称为硅光电池。硅光电池是用纯度极高的硅片制成，实际上是一个大面积的 PN 结，在 PN 结两边引出两条电极引线，硅光电池表面有一层蓝色膜，叫作一氧化硅抗反射膜。它的作用是减少光的反射，提高硅光电池的转换效率。

（1）硅光电池的种类。

硅光电池按半导体组成结构分为 2CR 和 2DR 两种类型。硅光电池按其受光面积和转换效率分类，如尺寸为 10mm × 10mm 的 2CR 型硅光电池则分为 2CR41（$\eta = 6\% \sim 8\%$）、2CR42（$\eta = 8\% \sim 10\%$）、2CR43（$\eta = 10\% \sim 12\%$）、2CR44（$\eta = 12\%$ 以上）四种；而尺寸为 10mm × 20mm 的硅光电池则分为 2CR51（$\eta = 6\% \sim 8\%$）、2CR52（$\eta = 8\% \sim 10\%$）、2CR53（$\eta = 10\% \sim 12\%$）、2CR54（$\eta = 12\%$ 以上）四种。

（2）硅光电池的外形与电路符号。

硅光电池可以制成各种不同的形状，有方形、矩形、三角形、圆形、环形等，还可以在一块单晶上制作多块电池，成为多电极硅光电池。多电极硅光电池又分为对称式的、四象限的、双环的、多环的。常见的硅光电池的外形如图 6-5 所示。

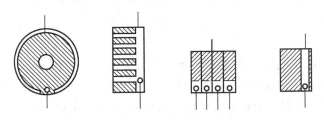

图 6-5　硅光电池的外形

在电路中的符号，不管是哪一种类型的硅光电池，也不管是什么样的形状，硅光电池在

图6-6　硅光电池的电路符号

电路中的符号如图6-6所示。

（3）硅光电池的应用。

硅光电池的应用一般可分为两大类：一类是把太阳能转换为电能，作为电源使用；另一类是把光信号转换成电信号，作为光电转换器用于自动控制和测量技术中。

1）作为电源使用。把单片硅光电池经串、并联组成光电池组，与镉、镍等蓄电池配合，可作为低电压、小电流电器的电源。

2）作为光电开关的光接收器件。把硅光电池作为光的接收器件，利用光的有、无或强、弱来断开或闭合电路，这样就组成了光电开关电路。最基本的光电开关电路如图6-7所示。图中晶体管3AX31的基射极电压为0.3V，晶体管的集电极c和发射极e之间相当于一个开关。无光照时，硅光电池无电压输出，晶体管截止，相当于晶体管的集电极c和发射极e之间开关断开；有光照时，硅光电池的输出电压大于0.3V，晶体管导通并达到饱和，相当于晶体管的集电极c和发射极e之间开关闭合。这两种状态就相当于一个开关的断开和闭合。

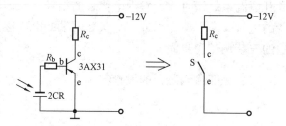

图6-7　硅光电池的光电开关应用

光电开关应用范围很广，除了作路灯的自动开关以外，也可用于航标灯、室内照明灯的自动开关，机床安全保护，印制套版定位，光电日戳机，纺织行业的断头自停装置，防盗报警器，光电计数器等。

用作光电开关的光源有多种，如普通灯光、发光管、激光器、砷化镓红外发光二极管等。其中砷化镓红外发光二极管所需的工作电压低，光均匀稳定，而且这种光源发出的光是不可见光。因此是防盗报警器的理想光源。

（4）硅光电池的检查。

硅光电池的检查一般用万用表，具体有以下三种方法：

1）测量电阻。把万用表置于$R \times 1k$挡，红表棒接电池正极，黑表棒接电池负极。把硅光电池放在暗处，万用表指示电阻值应为无穷大；然后把电池移向点亮的25W灯泡处，电阻值应迅速减小到15kΩ左右。

2）测量开路电压。把万用表选在10V直流电压挡，仍是红表棒接电池正极，黑表棒接电池负极。把硅光电池分别放在距25W灯泡1m、0.5m、0.05m处时，万用表指示的电压应分别在0.9V、1.8V、3.5V。通过测量可以证明，硅光电池是否在光线较强时，开路电压较高。

3）测量短路电流。把万用表选在500mA直流电流挡，表笔同前，白天在太阳光直射的条件下，测得电流值应为165mA左右；如果在晚上测试，万用表选在1mA电流挡在距25W灯泡0.15m和0.05m处时，测得短路电流应为0.1mA和0.4mA。

在上述各项测量中应注意，在测量电阻时，表笔不要接反，万用表量程要选择合适。为了测量准确，硅光电池应正对着光线的入射方向，在测量开路电压时，电压值随着环境温度的高低变化将有所升高或降低。

2. 光照检测装置的电路设计及元器件的选择

（1）光照检测装置的电路原理。

把硅光电池作为光的接收器件，利用光的有、无来断开或闭合电路，这样就组成了光电开关电路。最基本的光电开关电路如图6-8所示，图中晶体管3AX31的基射极电压为0.3V。无光照时，硅光电池无电压输出，晶体管截止；有光照时，硅光电池的输出电压大于0.3V，晶体管导通并达到饱和。这两种状态就相当于一个开关的断开和闭合。在晶体管的集电极串接上直流继电器，用直流继电器的触点开关控制一个220V照明白炽灯。有光照时，晶体管3AX31导通，直流继电器线圈得电，直流继电器的常闭触点断开，白炽灯灭；无光照时，硅光电池的输出电压减弱，晶体管截止，直流继电器线圈失电，直流继电器的常闭触点恢复闭合，白炽灯则亮。另外用一个毫伏表，可以直接测量硅光电池两端的电压，随着光照强度的变化，毫伏表的指示也会发生变化，用来检测光照强度。

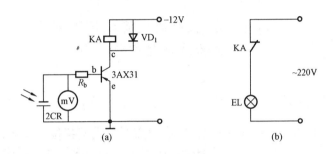

图6-8　光照检测装置的电路原理图

（a）检测回路；（b）受控回路

（2）光照检测装置的电路元器件的选择。

光电池选用尺寸为10mm×20mm的2CR型硅光电池2CR54，其中最大的输出开路电压约为600mV左右，短路电流约为16～30mA。选用3个硅光电池，组成光电池组。晶体管采用锗管3AX31。电源用标准12V直流电源。直流继电器采用JZC-23F型号，额定工作电压为12V，其触点可加载控制的交流电压数值为220V，电流数值为5A。白炽灯用220V，15W的灯泡。毫伏表采用85C17型，量程为1V。

3. 光照检测装置的制作与调试

光照检测装置的电路板如图6-9所示。光照检测装置电路中的元器件经检查合格后，按图6-9进行安装。安装时，毫伏表用两根软导线接到硅光电池的两端。光照检测装置的

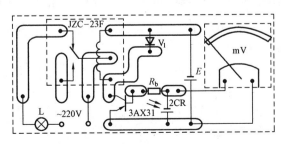

图6-9　光照检测装置的电路板图

电源用两根软导线引出接到 12V 电源上。光照检测装置的元器件安装好后，即可通电进行调试。当外界光照在一定的强度下，硅光电池接受到一定强度的光照，输出大于 0.3V 的电压。三极管 3AX31 导通，继电器线圈流过一定的电流，达到继电器的吸合电流，听到继电器触点清脆的动作声，表示继电器的常闭触点已断开。与此同时，白炽灯灭。当用黑纸片挡在硅光电池的上方，完全遮住光照，硅光电池接受不到光照，几乎无输出电压，三极管 3AX31 截止，听到继电器触点清脆的动作声，表示继电器的常闭触点又恢复闭合。此时，白炽灯亮。再用黑纸片挡在硅光电池的上方，不完全遮住光照，改变硅光电池接受光照的面积，观察毫伏表的变化，可见随着硅光电池接受光照的面积发生改变，毫伏表的指针指示也发生变化。硅光电池接受光照的面积增加，毫伏表的读数变大，表明硅光电池的输出电压增大；硅光电池接受光照的面积减少，毫伏表的读数变小，表明硅光电池的输出电压减小。这说明该光照检测装置安装调试后电路工作正常。

第二节　三相交流电源相序检测器的设计与制作

一、检测三相交流电源相序的方法

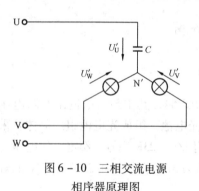

图 6 - 10　三相交流电源相序器原理图

对称三相交流电源的三根端线（火线），有时需要判别其相位的次序，即三相交流电源的相序。在不知三相对称电源的相位次序时，可以认为三根火线中任一根当作 U 相都可以，但 U 相选定之后，另外两相中 V、W 相要根据实际电路判断，不能随意指定。

利用三相不对称负载，在无中性线情况下各相负载端电压不相等的原理制作的相序器，可以用来判别相序。如图 6 - 10 所示，将一只电容器和两只额定电压、额定功率相同的白炽灯接成星形即可。若将接电容的一相定为 U 相，则当所接线路中较亮的灯泡所接的一相为 V 相，较暗的一相则为 W 相。

二、三相交流电源相序器的设计和元器件的参数计算与选择

设两个相同灯泡的阻值为 R，电容器的容抗 $X_C = 4R$。三相电源相电压是对称的，即

$$\dot{U}_U = U\angle 0° \quad \dot{U}_V = U\angle -120° \quad \dot{U}_W = U\angle 120°$$

在无中线的情况下，中性点位移电压

$$\dot{U}_{N'N} = \frac{\dfrac{\dot{U}_U}{-jX_C} + \dfrac{\dot{U}_V}{R} + \dfrac{\dot{U}_W}{R}}{\dfrac{1}{-jX_C} + \dfrac{1}{R} + \dfrac{1}{R}}$$

$$= \frac{j\dfrac{U\angle 0°}{4R} + \dfrac{U\angle -120°}{R} + \dfrac{U\angle 120°}{R}}{j\dfrac{1}{4R} + \dfrac{1}{R} + \dfrac{1}{R}}$$

$$= \frac{U\angle 90° + 4U\angle -120° + 4U\angle 120°}{j + 8}$$

$$= 0.51U\angle 158.83°$$

$$\dot{U}'_{\mathrm{V}} = \dot{U}_{\mathrm{V}} - \dot{U}_{\mathrm{N'N}}$$

$$= U\angle -120° - 0.51U\angle 158.83°$$

$$= 1.05U\angle -91.42°$$

$$\dot{U}'_{\mathrm{W}} = \dot{U}_{\mathrm{W}} - \dot{U}_{\mathrm{N'N}}$$

$$= U\angle -120° - 0.51U\angle 158.83°$$

$$= 0.68U\angle 92.05°$$

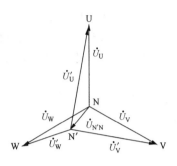

图 6 – 11　相序器位形相量图

可见 $U'_{\mathrm{V}} > U'_{\mathrm{W}}$，所以灯亮的一相为 V 相，暗的一相为 W 相。相序器位形相量图如图 6 – 11 所示。

根据计算，两只灯泡选用 220V，15W 的白炽灯。电容采用耐压为 630V，容量为 0.25μF 的电容器。

电工简易检测装置的制作

训练目的

(1) 学习热敏电阻、光电池等元器件的应用。

(2) 了解非电量转变为电量进行测量的方法。

(3) 了解一种检测三相交流电源相序的方法。

(4) 学会电路故障的简单分析与排除，初步掌握检测装置设计、制作过程和元器件的选择。

(5) 初步掌握检测装置安装和调试的方法。

工具、设备和器材

(1) 铅笔刀、直尺、旋具（一字形和十字形各一把）、尖嘴钳、镊子、小刮刀、剪刀、电烙铁（30W）。

(2) 万用表、直流稳压电源。

(3) 装置所需元器件、印制电路板、导线。

(4) 焊锡、松香若干。

训练步骤与要求

1. 温度检测装置的制作

(1) 读懂装置原理电路，并与安装图进行对照。

（2）元器件的辨认。

（3）元器件的检查。

（4）制作电路板。

（5）装配。

（6）调试。

2. 光照检测装置的制作

步骤同上。

3. 三相交流电源相序检测器的制作

（1）按实训项目给出灯泡、电容器的参数，选用灯泡、电容器。

（2）按图 6 - 10 连接相序检测器。

（3）检测对称三相交流电源，标出相应的相序。

附　　录

附录 A　电工仪表的基本常识

电工仪表是测量电量（包括磁量）仪表的统称。在电工技术应用中，电工仪表被广泛应用在安装、调试和维修过程中。在进行电工技能实训时，也必须使用这些仪表获得检测数据和检查故障。电工仪表种类繁多，用于进行基本电量测量的仪表有电流表、电压表、功率表、电能表、欧姆表等。

根据仪表工作原理不同，电工仪表可分为以下 4 类：直流电流表、直流电压表、万用表、欧姆表等是根据通电导体在磁场中所受磁力来工作的，被称为磁电系仪表；交流电流表、交流电压表等是根据铁磁材料被磁化后产生相互作用力的原理制成的，被称为电磁系仪表；功率表是根据两个通电线圈之间产生的电动力而工作的，被称为电动系仪表；而电能表是根据交变磁场中的导线感应涡流后与磁场产生电磁力的原理制成的，被称为感应系仪表。

电工仪表按测量准确度等级不同分为 0.1 级、0.2 级、0.5 级、1.0 级、1.5 级、2.5 级和 5.0 级共 7 级，其中：

0.1 级、0.2 级——标准表（误差 0.1%、0.2%）；

0.5 级、1.0 级——用于实验测量（误差 0.5%、1%）；

1.5 级、2.5 级、5.0 级——用于工程计量（误差 1.5%、2.5%、5%）。

电工仪表的工作原理、准确度等级及有关的各种图形符号见表 A-1。

表 A-1　　　　　　　　　　　　常用电工仪表的图形符号及其意义

图形符号	符号意义	图形符号	符号意义
(A)	电流表	(MΩ)	绝缘电阻表
(mA)	毫安表	(Hz)	频率表
(μA)	微安表	(mV)	毫伏表
(V)	电压表	(kV)	千伏表
(kWh)	电能表（千瓦时表）	(W)	功率表
(Ω)	欧姆表（电阻表）	(kW)	千瓦表

图形符号	符号意义	图形符号	符号意义
⊥或↓	仪表垂直放置	≈	交直流表
∠60°	仪表倾斜60°放置	3～或≈	三相交流电
n或→	仪表水平放置	ⓥ	相位表
～50	50Hz 的交流电	Ⓒⓞₛφ	功率因数表
Ⓐ	工作环境 0～40℃ 湿度85%以下	∩	磁电系
Ⓑ	工作环境 −20～50℃ 湿度85%以下		电磁系
Ⓒ	工作环境 −40～60℃ 湿度98%以下		电动系
⓪.₁	20℃，位置正常，没有外磁场影响下，准确度0.1级，相对额定误差 ±0.1%		感应系
①.₀	20℃，位置正常，没有外磁场影响下，准确度0.1级，相对额定误差 ±1.0%	−	负端钮
✳	公共端（多量限仪表和复用电表）	+	正端钮
⏚	接地用的端钮（螺钉或螺杆）	⊥	与外壳相连接的端钮
−	直流表	◌	与屏蔽相连接的端钮
～	交流表	⌒	调零器

附录 B　维修电工职业技能鉴定

基本内容及考核模拟试卷

（初级）

维修电工是指使用电工工具和仪器、仪表，对设备电气部分（含机电一体化）进行安装、调试、维修的人员。其鉴定内容分为知识要求和技能要求两大部分，通常知识要求部分的考核是通过笔试进行；技能要求的考核通过实际操作进行。维修电工等级分为：初级、中级和高级。

一、知识要求

1. 识图

（1）电气图的分类与制图的一般规则。

（2）常用电气图形符号和电气项目代号及新旧标准的区别。

（3）生产机械电气图、接线图的构成及各构成部分的作用。

（4）一般生产机械电气图的识读方法，如 5t 以下起重机、C522 型立式车床、M7130 型平面磨床等。

2. 交、直流电路及磁与电磁的基本知识

（1）电路的基本概念，如电阻、电感、电容、电流、电压、电位差、电动势等。

（2）欧姆定律和基尔霍夫定律的内容。

（3）串、并联电路，几个电压源的无分支电路，电路中的各点电位的分析和计算方法。

（4）交流电的基本概念。

（5）正弦交流电的瞬时值、最大值、有效值和平均值的概念及换算。

（6）铁磁物质的磁性能、磁路欧姆定律、磁场对电流的作用、电磁感应的基本知识。

3. 常用电工仪表、工具和量具

（1）常用电工指示仪表的分类、基本构造、工作原理和符号；仪表名称、规格及选用、使用维护保养知识，如绝缘电阻表、万用表、电流表、电压表、转速表等。

（2）常用工具和量具的名称、规格及选用、使用维护保养知识，如验电笔、旋具、钢丝钳、剥线钳，电工刀、电烙铁、绕线机、喷灯、游标卡尺、千分表、塞尺、万能角度尺、拆卸器、手电钻、绝缘夹钳、手动压线机、短路侦察器、断条侦察器等。

4. 电工材料基本知识

（1）常用导电材料的名称、规格和用途及选用，如铜、铝、电线电缆、电热材料、电碳制品。

（2）常用绝缘材料的名称、规格及用途，如绝缘漆、绝缘制品等。

（3）常用磁性材料的名称、规格及用途，如电工用纯铁、硅钢片、铝镍钴合金等。

（4）电动机常用轴承及润滑脂的类别、名称、牌号、使用知识。

5. 变压器

（1）变压器的种类和用途。

（2）单相及三相变压器、电焊机变压器、互感器的基本构造、基本工作原理、用途、铭牌数据的含义。

（3）变压器绕组分类及绕制的基本知识，三相及单相变压器联结组的含义。

（4）单相变压器的并联。

6. 电动机

（1）常用交、直流电动机（包括单相笼型异步电动机）的名称、种类、基本构造、基本工作原理和用途。

（2）常用交、直流电动机铭牌数据的含义。

（3）中、小型交流电动机绕组的分类、绘制绕组展开图、接线参考图及辨别定子 2、4、6、8 极单路和双路接线知识。

（4）中、小型异步电动机的拆装、绕线、接线、包扎、干燥、浸漆和轴承装配等工艺规程及试车注意事项。

7. 低压电器

（1）低压电器的名称、种类、规格、基本构造及工作原理，电路图及文字符号选用知识，如熔断器（RC 系列、RL 系列、RMO 系列、RLS 系列、RSO 系列）、开关（HK 系列、HH 系列、HZ 系列）、低压断路器（自动空气断路器）（DZ5 系列、DZ10 系列）、交、直流接触器、主令电器、继电器（中间继电器、电流和电压继电器、速度继电器、热继电器、时间继电器、压力继电器等）、电磁离合器、电磁铁（牵引电磁铁、阀用电磁铁、制动电磁铁、起重电磁铁）、电阻器、频敏变阻器等。

（2）电磁铁和电磁离合器的吸力，电流及行程的相互关系和调整方法。

（3）常用保护电器保护参数的整定方法。

（4）低压电器产品铭牌数据的含义。

8. 电力拖动自动控制

（1）三相笼型异步电动机的全压及减压起动控制、正反转控制、机械制动控制（电磁抱闸及电磁离合器制动）、电力制动（反接及能耗制动）、顺序控制、多地控制、位置控制的原理。

（2）三相绕线转子异步电动机的起动控制、调速控制、制动控制的控制原理。

9. 照明及动力线路

（1）常用电光源（白炽灯、日光灯、汞灯、卤钨灯、钠灯等）的工作原理及应配用的灯具和对安装的要求。

（2）车间照明的分类及对照明线路的要求。

（3）对车间动力线路的要求。

（4）照明及动力线路的检修维护方法。

10. 电气安全技术

（1）接地的种类、作用及对装接的一般要求。

（2）接零的作用及其一般要求。

（3）电工安全技术操作规程。

（4）对电器及装置的安全要求（配电线路、配电设备、车间电器设备）。

11. 晶体管及应用

（1）晶体二极管、晶体三极管、硅稳压二极管的基本结构、工作原理、特性（伏安特性、输入及输出特性）、主要参数及型号的含义。

（2）晶体二极管、晶体三极管的好坏、极性、类型及材料（硅、锗管）的判别。

（3）单相二极管整流电路、滤波电路、硅稳压管稳压电路及简单串联型稳压电路的工作原理。

（4）单管晶体管放大电路（共发射极电路、共集电极电路、共基极电路）的工作原理及主要参数（输入及输出电阻、电压及电流放大倍数、功率放大倍数、频率特性）的比较和适用场合。

12. 钳工基本知识

（1）划线、錾削、锉削、钻孔、铆接、攻螺纹、套螺纹、矫正、弯曲、锯削、扩孔等基本知识。

（2）一般机械零、部件的拆装知识。

13. 相关工种一般工艺知识

（1）锡焊的方法及选择。

（2）管件、管座等焊接方法的选择知识。

二、技能要求

1. 安装、接线、线圈的绕制

（1）单股铜导线及 19/0.82 多股铜导线的连接，并恢复绝缘。

（2）明、暗管线线路、塑料护套线线路的安装。

（3）电气控制线路配电板的配线及安装（包括导线及电气元器件的选择和参数的整定）。

（4）单相整流、滤波电路及简单稳压电路、放大电路印制电路板的焊接及安装、测试。

（5）中、小型异步电动机的拆装、烘干，更换轴承，修后的接线及三相绕组首、尾端的检测。

（6）中、小型异步电动机及控制变压器的绕组，各种低压电器线圈的绕制。

（7）更换及调整电刷及触头系统。

2. 故障判断及修复

（1）异步电动机常见故障，如不起动、转速低、局部或全部过热或冒烟、振动过大、有异声、三相电流过大或不平衡度超过允许值、电刷火花过大、滑环过热或烧伤等的判断及修复。

（2）小型变压器常见故障，如无输出电压及电压过低或过高、绕组过热或冒烟、空载电流偏大、响声大、铁心带电等的判断及修复。

（3）常用低压电器的触点系统故障，如触点熔焊、过热、烧伤、磨损等；电磁系统故障，如噪声过大、线圈过热、衔铁吸不上或不释放等及其他部分故障的判别及修复。

（4）根据电气设备说明书及电气图正确判断及修复以接触器—继电器有触点控制为主的电气设备故障。

（5）单相整流、滤波、简单稳压电路及简单放大电路故障的正确判断及修理。

（6）5t 以下起重机械电气故障的判断及修复。

（7）检修车间电力、照明线路和信号装置，检测接地系统的状态。

（8）做异步电动机、小型变压器及低压电器修复后的一般试验。

（9）中、小型异步电动机及控制变压器绕组、各种低压电器线圈局部故障的判断及修复。

3. 仪器、仪表和工具的使用与维护

（1）正确选用测量仪表。

（2）正确使用测量仪表，并能进行维护保养。

（3）正确使用常用电工工具、专用工具，并能进行维护保养。

4. 安全文明生产

正确执行安全操作规程的有关要求，如电气设备的防火措施和灭火规则、电气设备使用安全规程、车间电气技术安全规程、临时线安全规定、钳工安全操作规程等。

三、知识要求考核模拟试卷

（一）填空题　请将正确的答案填在横线空白处（每空1分，共20分）

1. 一段导体电阻的大小与导体的长度成_____，与导体的_____成反比，并与导体的_____有关。

2. 变压器除了可以改变交变电压、_____之外还可以用来变换_____和改变_____。

3. 绝缘电阻表是专门用来测量_____的仪表，使用时应注意选择绝缘电阻表的_____。

4. 三极管的三种工作状态是_____、_____及_____状态。

5. 三相笼型异步电动机的转子由_____、_____及_____等组成。

6. 交流接触器触点的接触形式有_____和_____两种。

7. 为了对三角形连接的电动机进行_____保护，必须采用三个热元件的_____。

8. 绝缘材料在使用时的绝缘性能有_____和_____。

（二）判断题　下列判断正确的打"√"，错误的打"×"（每题1分，共20分）

1. 钻孔时可戴手套操作。（　　）

2. 有人说"没有电压就没有电流"，"没有电流就没有电压"。（　　）

3. 自感电流的方向总是与外电流的方向相反的。（　　）

4. 容量较大的接触器主触点一般采用银及合金制成。（　　）

5. 二极管加正向电压就导通。（　　）

6. 电压互感器的二次绕组不允许短路。（　　）

7. 三相异步电动机的定子由主磁极、换向极及励磁线圈所组成。（　　）

8. 单相交流电动机的定子产生的磁场是脉动磁场。（　　）

9. 电工不允许单独作业。（　　）

10. 在三相交流电路中，线电压等于$\sqrt{3}$倍的相电压。（　　）

11. 变压器的容量是指变压器的视在功率。（　　）

12. 电路图中，各电器触头所处的状态都是按电磁线圈通电或电器受外力作用时的状态画出的。（　　）

13. 各个电气设备的金属外壳可以相互串接后接地。　　　　　　　　　（　　　）

14. 锉削软材料或粗加工用细齿锉刀。　　　　　　　　　　　　　　　（　　　）

15. 绝缘材料是绝对不导电的材料。　　　　　　　　　　　　　　　　（　　　）

16. 钻孔时清除切屑不能用棉纱擦。　　　　　　　　　　　　　　　　（　　　）

17. 在单相整流电路中，单相半波整流电路输出的直流脉动最大。　　　（　　　）

18. 只要将热继电器的热元件串联在主电路中就能对电动机起到过载保护作用。（　　　）

19. 车间照明采用的是一般照明。　　　　　　　　　　　　　　　　　（　　　）

20. 电压表使用后应将转换开关置于高压挡位。　　　　　　　　　　　（　　　）

（三）选择题　请将正确答案的代号填入括号中（每小题 2 分，共 10 分）

1. 选择指示仪表的电流、电压量限时，应尽量使指针偏到满刻度的（　　　）。

　　A. 前 1/3 段　　　　　B. 后 1/3 段　　　　　C. 中间 1/3 段　　　　D. 任意

2. 下列导线型号中铝绞线的型号为（　　　）。

　　A. LGJ　　　　　　　B. HLJ　　　　　　　C. LJ　　　　　　　　D. TJ

3. 与参考点选择有关的物理量是（　　　）。

　　A. 电流　　　　　　　B. 电压　　　　　　　C. 电动势　　　　　　D. 电位

4. RL1 系列熔断器的熔管内充填石英砂是为了（　　　）。

　　A. 绝缘　　　　　　　B. 防护　　　　　　　C. 灭弧　　　　　　　D. 防止气体进入

5. 一台需制动平稳、制动能量损耗小的电动机应选用（　　　）。

　　A. 反接制动　　　　　B. 能耗制动　　　　　C. 回馈制动　　　　　D. 电容制动

（四）计算题（每题 5 分，共 10 分）

1. 在图 B－1 所示电路中，已知流过 6Ω 电阻的电流为 8A，求流过 4Ω 电阻的电流及 A、B 两点间的电压 U_{AB}。

2. 有一台 220V、800W 的电炉接入电压 220V 的单相交流电路中，若电路用 RC 系列熔断器对其作过载及短路保护，则熔体的电流应选多大？

图 B－1

（五）简答题（共 27 分）

1. 什么叫降压起动？三相交流异步电动机在什么情况下可以采用降压起动？（5 分）

2. 三相异步电动机的调速方法有几种？笼型异步电动机采用什么方法调速？（5 分）

3. 何谓保护接地？何谓保护接零？（5 分）

4. 图 B－2 所示各控制电路，能实现对主电路的什么控制功能？（3×4＝12 分）

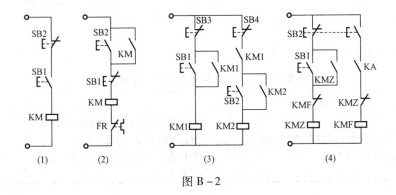

图 B－2

（六）绘图题（13 分）

1. 画出单相桥式整流电路的电路图。（6 分）

2. 作出满足下列要求的控制电路图：有两台异步电动机能同时起动同时停止，能分别起动分别停止。（7 分）

四、技能要求考核模拟试卷

1. 题目名称：护套线照明线路的安装。

2. 题目内容：

1）按电气原理图 B-3 和配线安装图 B-4 在木质安装板上安装护套线照明线路。

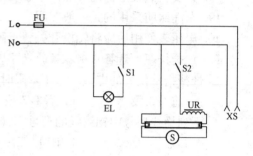

2）检查线路，通电试验。

3）电气原理图如图 B-3 所示。

4）配线安装图如图 B-4 所示。

3. 时限：120min。

图 B-3　照明线路图

4. 使用的场地、设备、工具、材料：电工常用工具、万用表、单连拉线开关 2 个、双孔插座、吊线盒、螺口灯座、RCIA-5 型熔断器、方木（或圆木）6 个、小铁钉、1 号钢精轧头（或钢钉线卡）、木螺钉、8W 日光灯具一套、安装木板（850mm×500mm×50mm）、BVV（1/1.13）三芯塑料护套线各 2m 等。

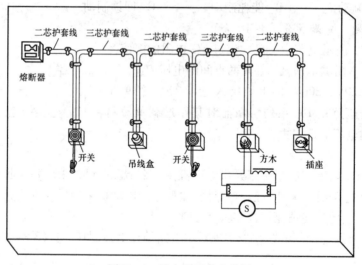

图 B-4　护套线配线安装图

5. 考核配分及评分标准：见表 B-1。

表 B-1　　　　　　　　　　护套线照明线路安装考核配分及评分标准

项目	技术要求	配分	评分标准	扣分	得分
护套线配线	线路敷设平直，固定点位置正确，导线剖削规范，无损伤	30 分	护套线敷设不平直，每根扣 5 分 导线剖削损伤，每处扣 5 分 钢精轧头（或线卡）安装不符要求，每处扣 2 分		

项目	技术要求	配分	评分标准	扣分	得分
线路及元件安装	线路安装正确，导线压接规范，元件安装整齐、紧固	70 分	木台、灯座、开关等元件安装松动、不规范，每处扣 5 分 导线连接、压接不规范，每处扣 2 分 火线未进开关扣 10 分 一次通电不成功扣 20 分		
	安全文明操作		违反安全操作，扣 10～70 分		
合计		100 分			

注　各项扣分，最多不得超过各项的配分。

6. 操作要点

安装步骤：

1）定位划线，固定钢精轧头。

2）敷设导线，各线头做好记号。

3）木台划线、削槽、钻眼。

4）固定木台，安装元件和接线。

5）检查线路。

安装时注意熔断器和开关都应装在相线上。
吊线盒内应打电工结，其方法如图 B-5 所示，
通电试验时注意操作安全。

图 B-5　电工结打法

附录 C 维修电工职业技能鉴定
基本内容及考核模拟试卷

（中级）

一、知识要求

1. 电路基础和计算

（1）戴维宁定理的内容及应用知识。

（2）电压源和电流源的等效变换原理。

（3）正弦交流电的分析表示方法，如解析法、图形法、相量法等。

（4）功率及功率因数，效率，相、线电流与相、线电压的概念和计算方法。

2. 电工测量技术

（1）电工仪器的基本工作原理、使用方法和适用范围。

（2）各种仪器、仪表的正确使用方法和减少测量误差的方法。

（3）电桥和通用示波器、光电检流计的使用和保养知识。

3. 变压器

（1）中、小型电力变压器的构造及各部分的作用，变压器负载运行的相量图、外特性、效率特性，主要技术指标，三相变压器联结组标号及并联运行。

（2）交、直流电焊机的构造、接线、工作原理和故障排除方法包括整流式直流弧焊机。

（3）中、小型电力变压器的维护、检修项目及方法。

（4）变压器耐压试验的目的、方法，应注意的问题及耐压标准的规范和试验中绝缘击穿的原因。

4. 电动机

（1）三相旋转磁场产生的条件和三相绕组的分布原则。

（2）中、小型单、双速异步电动机定子线组接线图的绘制方法和用电流箭头方向判别接线错误的方法。

（3）多速异步电动机出线盒的接线方法。

（4）同步电动机的种类、构造，一般工作原理，各绕组的作用及连接，一般故障的分析及排除方法。

（5）直流电动机的种类、构造、工作原理、接线、换向及改善换向的方法，直流发电机的运行特性，直流电动机的机械特性及故障排除方法。

（6）测速发电机的用途、分类、构造及工作原理。

（7）伺服电动机的作用、分类、构造、基本原理、接线和故障检查知识。

（8）电磁调速异步电动机的构造，电磁感应转差离合器的工作原理，使用电磁调速异步电动机调速时，采用速度负反馈闭环控制系统的必要性及基本原理、接线，检查和排除故障的方法。

（9）电机扩大机的应用知识、构造、工作原理及接线方法。

（10）交、直流电动机耐压试验的目的、方法及耐压标准规范、试验中绝缘击穿的原因。

5. 电器

（1）晶体管时间继电器、功率继电器、接近开关等的工作原理及特点。

（2）额定电压为 10kV 以下的高压电器，如油断路器、负荷开关、隔离开关、互感器等耐压试验的目的、方法及耐压标准规范，试验中绝缘击穿的原因。

（3）常用低压电器交、直流灭弧装置的灭弧原理、作用和构造。

（4）常用电器设备装置，如接触器、继电器、断路器、电磁铁等的检修工艺和质量标准。

6. 电力拖动自动控制

（1）交、直流电动机的起动、正反转、制动、调速的原理和方法（包括同步电动机的起动和制动）。

（2）数显、程控装置的一般应用知识（条件步进顺序控制器的应用知识，例如 KSJ－1 型顺序控制器）。

（3）机床电气联锁装置（动作的先后次序、相互联锁），准确停止（电气制动、机电定位器制动等），速度调节系统（交磁电机扩大机自动调速系统、直流发电机—电动机调速系统、晶闸管—直流电动机调速系统）的工作原理和调速方法。

（4）根据实物测绘较复杂的机床电气设备电气控制线路图和方法。

（5）几种典型生产机械的电气控制原理，如 20/5t 桥式起重机、T610 型卧式镗床、X62W 型万能铣床、Z37 型摇臂钻床、M7475B 型平面磨床。

7. 晶体管电路

（1）模拟电路基础（共发射极放大电路、反馈电路、阻容耦合多级放大电路、功率放大电路、振荡电路、直接耦合放大电路）及其应用知识。

（2）数字电路基础（晶体二极管、三极管的开关特性，基本逻辑门电路、集成逻辑门电路、逻辑代数的基础）及应用知识。

（3）晶闸管及其应用知识（晶闸管结构、工作原理、型号及参数；单结晶体管、晶体管触发电路的工作原理；单相半波及全波、三相半波可控整流电路的工作原理）。

8. 相关工种工艺知识

（1）焊接的应用知识。

（2）一般机械零部件测绘制图的方法。

（3）设备起运吊装知识。

9. 生产技术管理知识

（1）车间生产管理的基本内容。

（2）常用电气设备、装置的检修工艺和质量标准。

（3）节约用电和提高用电设备功率因数的方法。

二、技能要求

1. 安装、调试操作

（1）主持拆装 55kW 以上异步电动机（包括绕线转子异步电动机和防爆电动机）、60kW 以下直流电动机（包括直流电焊机）并做修理后的接线及一般调试和试验。

（2）拆装中、小型多速异步电动机和电磁调速电动机并接线、试车。

（3）装接较复杂电气控制线路的配电板并选择、整定电器及导线。

（4）安装、调试较复杂的电气控制线路，如 X62W 型铣床、M7475B 型磨床、Z37 型钻床、30/5t 起重机等线路。

（5）按图焊接一般的移相触发和调节器放大电路、晶闸管调速器、调功器电路并通过仪器仪表进行测试、调整。

（6）计算常用电动机、电器、汇流排、电缆等导线截面并核算其安全电流。

（7）主持 10kV/0.4kV、1000kVA 以下电力变压器吊心检查和换油。

（8）完成车间低压动力、照明电路的安装、检修。

（9）按工艺使用及保管无纬玻璃丝带、合成云母带。

2. 故障分析、修复及设备检修

（1）检查、修理各种继电器装置。

（2）修理 55kW 以上异步电动机（包括绕线转子异步电动机和防爆电动机）及 60kW 以下直流电动机（包括直流电焊机）。

（3）排除晶闸管触发电路和调节器放大电路的故障。

（4）检修及排除直流电动机及其控制电路的故障。

（5）检修较复杂的机床电气控制线路。

（6）修理中、小型多速异步电动机、电磁调速电动机。

（7）检查、排除交磁电机扩大机及其控制线路故障。

（8）修理同步电动机（阻尼环、集电环接触不良，定子接线处开焊，定子绕组损坏）。

（9）检查和处理交流电动机三相绕组电流不平衡故障。

（10）修理 10kV 以下电流互感器、电压互感器。

（11）排除 1000kVA 以下电力变压器的一般故障，并进行维护、保养。

（12）检修低压电缆终端和中间接线盒。

3. 仪器、仪表和工具的使用与维护

（1）正确选用测量仪表、操作仪表做好维护保养工作。

（2）合理使用常用工具和专用工具，并做好维护保养工作。

4. 安全文明生产

（1）正确执行安全操作规程，如高压电气技术安全规程的有关要求、电气设备消防规程及设备事故处理规程、紧急救护规程及设备起运吊装安全规程等。

（2）按企业有关文明生产的规定，做到工作地整洁，工件、工具摆放整齐。

（3）认真执行交接班制度。

三、知识要求考核模拟试卷

（一）填空题　请将正确的答案填在横线空白处（每空1分，共30分）

1. 对测量的基本要求是：测量 _____ 选择合理，测量 _____ 选用恰当，测量 _____ 选择正确，测量 _____ 准确无误。

2. 气焊主要采用 _____ 接头。

3. 电气设备根据其负载情况可分为 _____ 、_____ 和 _____ 三种情况。

4. 对支路数较多的电路求解，用 _____ 法较为方便，要列出 _____ 方程。

5. 衡量电容器与交流电源之间能量交换能力的物理量称为＿＿＿＿＿＿＿。

6. 场效应晶体管的三个电极叫：＿＿＿＿＿、＿＿＿＿＿和＿＿＿＿＿。

7. 整流电路常用的过电流保护器件有＿＿＿＿＿＿、＿＿＿＿＿＿和＿＿＿＿＿＿。

8. 在晶体管可控整流电路中，电感性负载可能使晶闸管＿＿＿＿＿＿＿＿而失控，解决的方法通常是在负载两端并联＿＿＿＿＿＿＿＿。

9. 直流电动机按励磁方式可分为＿＿＿＿＿＿＿＿电机、＿＿＿＿＿＿＿＿电机、＿＿＿＿＿＿＿＿电机等类型。

10. 三相笼型异步电动机的磁路部分由＿＿＿＿＿＿＿＿、＿＿＿＿＿＿＿＿和＿＿＿＿＿＿＿＿组成。

11. 交流接触器常用＿＿＿＿＿＿＿＿式、＿＿＿＿＿＿＿＿式和＿＿＿＿＿＿＿＿式灭弧装置。

12. 由于反接制动＿＿＿＿＿＿＿＿、＿＿＿＿＿＿＿＿，所以一般应用在不经常起动与制动的场合。

（二）判断题　下列判断正确的打"√"，错误的打"×"（每题1分，共10分）

1. 常用的物件在起重吊运时，可以不进行试吊。　　　　　　　　　（　　　）

2. 实际电压源为理想电压源与内阻相串联。　　　　　　　　　　　（　　　）

3. 电容器在交流电路中是不消耗能量的。　　　　　　　　　　　　（　　　）

4. 在对称三相交流电路中，线电压为相电压的$\sqrt{3}$倍。　　　　　（　　　）

5. 电工指示仪表的核心是测量机构。　　　　　　　　　　　　　　（　　　）

6. 晶体三极管的静态工作点设置过低，会使输出信号产生饱和失真。（　　　）

7. 直流发电机电枢绕组中产生的是交流电动势。　　　　　　　　　（　　　）

8. 当通过熔体的电流达到其熔断电流值时，熔体立即熔断。　　　　（　　　）

9. 改变加在直流电动机上电源的极性，就可以改变电动机的旋转方向。（　　　）

10. 根据生产机械的需要选择电动机时，应优先选用三相笼型异步电动机。（　　　）

（三）选择题　请将正确答案的代号填入括号中（每题2分，共10分）

1. 采用移相电容的补偿方式，效果最好的方式是（　　　）。

　　A. 个别补偿　　　　　B. 分组补偿　　　　　C. 集中补偿

2. 电压 u 的初相角 $\varphi_u = 30°$，电流 i 的初相角 $\varphi_i = -30°$，电压 u 与电流 i 的相位关系应为（　　　）。

　　A. 同相　　　　　　　　　　　　　　B. 反相

　　C. 电压超前电流60°　　　　　　　　D. 电压滞后电流60°

3. 在交流电的符号法中，不能称为相量的参数是（　　　）。

　　A. U　　　　　　　B. E　　　　　　　C. I　　　　　　　D. Z

4. 若要变压器运行的效率最高，其负载系数应为（　　　）。

　　A. 1　　　　　　　B. 0. 8　　　　　　C. 0. 6　　　　　　D. 0. 5

5. 在晶闸管——电动机调速系统中，为了补偿电动机端电压降落，应采取（　　　）。

　　A. 电流正反馈　　　B. 电流负反馈　　　C. 电压正反馈　　　D. 电压负反馈

（四）计算题（每小题5分，共20分）

1. 在图 C - 1 中，已知 $E_1 = 12V$，$E_2 = 9V$，$E_4 = 6V$，$R_1 = 2\Omega$，$R_2 = 3\Omega$，$R_3 = 6\Omega$，

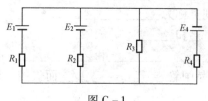

图 C-1

$R_4 = 2\Omega$，用节点电压法求各支路电流。

2. R、L 串联电路接在 $u = 220\sqrt{2}\sin(100\pi t + 30°)$ V 的电源上，已知 $L = 51\text{mH}$。若要使 $U_L = 176\text{V}$，求 R 的值，并写出电流 i 的瞬时值表达式。

3. 三相三线制 Y 连接负载中，$Z_U = -j10\Omega$，$Z_V = 10\Omega$，$Z_W = 10\Omega$，电源电压 $\dot{U}_{UV} = 380\angle 30°$ V，求各相负载的相电压。

4. 三相笼型异步电动机，已知 $P_N = 5\text{kW}$，$U_N = 380\text{V}$，$n_N = 2910\text{r/min}$，$\eta_N = 0.8$，$\cos\varphi_N = 0.86$，$\lambda = 2$，求：S_N、I_N、T_N、T_m。

（五）简答题（每小题 5 分，共 20 分）

1. 什么叫功率因数？提高功率因数有何重要意义？为什么？

2. 晶闸管对触发电路有哪些基本要求？

3. 三相笼型异步电动机的定子旋转磁场是如何产生的？

4. 交流接触器的铁心上为什么要嵌装短路环？

（六）绘图题（每小题 5 分，共 10 分）

1. 画出三相 4 极 24 槽单层链式绕组展开图（分极、分相、标流向，画端部及引出线，短节距。只画 U 相）。

2. 画出图 C-2 所示三相变压器的位形图，并判断其联结组别。

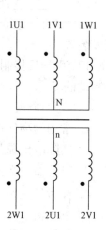

图 C-2

四、技能要求考核模拟试卷

1. 题目名称：两地双重联锁正反转控制电气线路的安装。

2. 题目内容：

（1）按元件明细表 C-1 配齐元件，检查元件。

表 C-1　　　　　　　　　　两地双重联锁正反转控制元件明细表

序号	代号	元件名称	型号与规格	数量	作用	备注
1	QS	组合开关	HZ10-25/3 三极 25A	1	电源开关	
2	FU1	螺旋熔断器	RL1-60/25 配熔芯 25A	3	主回路短路保护	
3	FU2	螺旋熔断器	RL1-15/2 配熔芯 2A	2	控制回路短路保护	
4	KM1	交流接触器	CJ10-20 线圈电压 380V	1	正转控制	
5	KM2	交流接触器	CJ10-20 线圈 电压 380V	1	反转控制	
6	FR	热继电器	JR16-20/3 整定电流 11.6A	1	过载保护	
7	SB1~SB6	按钮	LA10-3H500V5A	2	停止和正转、反转起动	
8	TX	接线端子板	JX2-1020	1	进出线连接	

（2）在木质安装板上合理布置电器元件。元件安装紧固，排列整齐。

（3）按电气原理图 C-3 在木质安装板上进行板前明线安装。导线压接应紧固、规范，走线合理，不能交叉或架空。编码套管应齐全。

（4）检查线路，通电试运转。

（5）电气原理图如图 C-3 所示。

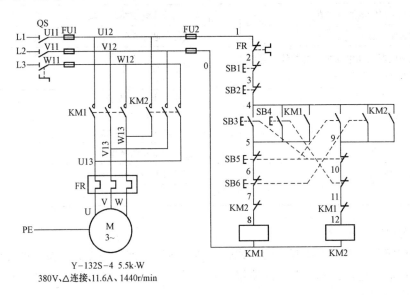

Y-132S-4 5.5k·W
380V、△连接、11.6A、1440r/min

图 C-3　两地双重联锁正反转控制电气原理图

3. 时限：240min。

4. 使用的场地、设备、工具、材料：电工常用工具、万用表、元件明细表上所列元件、木质安装板（650mm×500mm×50mm）、三相异步电动机、木螺钉、导线、编码套管及通电试运转工作台等。

5. 考核配分及评分标准：见表 C-2。

表 C-2　　　　　两地双重联锁正反转控制线路安装考核配分及评分标准

项目	技术要求	配分	评分标准	扣分	得分
元件选择	合理选择电器元件	10 分	每错选一件扣 1 分		
	正确填写元件明细表		每错填一处扣 1 分		
元件安装	元件质量检查	15 分	因元件质量问题影响通电一次成功扣 5 分		
	按元件布置图安装		不按元件布置图安装扣 5 分		
	元件固定牢固、整齐		元件松动、不整齐、少装固定螺钉每处扣 1 分		
	保持元件完好无损		损坏元件每件扣 5 分		
线路敷设	按图安装接线	35 分	不按图安装接线扣 15 分		
	线路敷设整齐、横平竖直，不交叉、不跨接		每处不合格扣 2 分		
	导线压接紧固、规范，不伤线芯		导线压接处松动、线芯裸露过长、压绝缘层、反圈伤线芯，每处扣 1 分		
	编码套管齐全		每处缺一个扣 0.5 分		

181

项目	技术要求	配分	评分标准	扣分	得分
通电试车	正确整定热继电器整定值	40分	不会或未整定扣5分		
	正确选配熔芯		错配熔芯扣5分		
	通电前电源线和电动机线的接线、通电后的拆线顺序规范正确		每错一次扣5分		
	通电一次成功		一次不成功扣15分 二次不成功扣30分 三次不成功本项不得分		
	安全文明操作		违反安全操作规程扣10~40分		
时限	在规定时间内完成		每超时10min扣5分		
合计		100分			

6. 操作要点

该线路按钮开关多，按钮开关的连线较复杂。在连接前最好先画出按钮的连线草图，并注明线号，再进行连接，不要漏接或错接。尤其是线路中的电气联锁点不能接错或漏接，以免主回路发生相间短路。

导线压接应牢固、规范。安装完毕应作认真自查，在确认无误后，在监护人指导下按程序进行通电试运转操作时注意安全。

附录 D　维修电工职业技能鉴定
基本内容及考核模拟试卷

（高级）

一、知识要求

1. 电路和磁路

（1）复杂直流电路的分析和计算方法。

（2）电子电路的分析和简单计算方法。

（3）磁场的基本性质及磁路与磁路定律的内容，以及电磁感应、自感系数的概念。

（4）自感、互感和涡流的物理概念。

（5）应用磁路定律进行较复杂磁路的计算方法。

2. 仪器、仪表

晶体管测试仪、图示仪和各类示波器的应用原理、接线和操作方法（在有使用说明书的条件下）。

3. 电子电路

（1）模拟电路（放大、正弦波振荡、直流放大、集成运算放大、稳压电源电路）基础知识及应用方法。

（2）数字电路（分立元件门电路、集成门电路、触发器、多谐振荡器、计数器、寄存器及数字显示电路）基础及应用知识。

（3）晶闸管电路（三相桥式及带平衡电抗器三相双反星形可控整流电路、斩波器及逆变器电路）基础及应用知识。

（4）电力半导体器件，如 MOSFET（电力场效应管）、GTR（电力晶体管）、IGBT（绝缘栅双极晶体管）等的特点及在逆变器、斩波器中应用的基本知识。

（5）电子设备防干扰的基本知识。

4. 电机及拖动基础

（1）变压器、交、直流电机的结构及制造、修理工艺的基本知识，如换向器的制造工艺及装配方法，绕组的重绕、重组接线图，根据实物绘制多速电机定子绕组接线图，电机、变压器的故障分析、处理方法和修理及修理后的试验方法。

（2）电机的工作原理（基本工作原理、换向原理、机械特性、外特性，起动力矩、电流、电压、转速等之间的关系及过载能力，电磁转矩的计算等）和制动原理及特点。

（3）特种电机（测速发电机、伺服电动机、旋转变压器、自整角机、步进电动机，力矩电动机、中频发电机、电磁调速异步电动机、交磁电机扩大机、交流换向器电动机、无换向器电动机）的原理、构造、特种工艺和接线方法。

（4）绕线转子异步电动机串级调速、三相交流换向器电机及无换向器电动机调速、变频调速、斩波器—直流电动机调速的原理、特点及适用场合。

5. 自动控制

（1）自动控制原理的基本概念。

（2）各种调速系统的基本原理及在设备资料齐全的条件下，对其具体线路进行调试、分析并排除故障的方法。

（3）位置移动数字显示系统（光栅、磁栅、感应同步器等）的原理、应用和调整的基本知识。

（4）数控设备和自动线的基本原理、配置和调整的基本知识。

（5）各种电梯（包括交、直流控制和可编程序控制器控制）的原理、使用和调整方法。

（6）根据电气设备使用说明书或其他随机资料，对各种复杂的继电器—接触器控制线路、半导体元器件组成的无触点逻辑控制电路、各种电子线路、传感器线路、信号执行元件（光电开关、接近开关、信号耦合器件）电路等进行原理分析和调试的方法。

（7）对较复杂的生产机械按工艺及安全要求绘制电气线路图的方法。

6. 先进控制技术

（1）微机的一般原理及在工业生产自动控制中应用的基本知识。

（2）可编程序控制器的基本原理和在工业电气设备控制系统中应用的知识。

（3）电力晶体管电压型逆变器的基本原理和特点。

（4）国内、外先进电气技术的发展状况。

7. 提高劳动生产率

（1）工时定额的组成。

（2）缩短基本时间的措施。

（3）缩短辅助时间的措施。

8. 机械知识

机械传动和液压传动方面的知识。

二、技能要求

1. 安装、改装、调试、试验技能

（1）装接直线感应同步器数显示装置（数显表、定滑尺、放大器等）并进行误差调整。

（2）安装和调整大、中型电动机。

（3）根据生产工艺及安全要求绘制较复杂电气控制原理图，选择元器件、导线及配线，并进行调试及安装。

（4）选用可编程序控制器，编制程序，改造继电器控制系统。

（5）对直流电动机无级调速系统，如交磁电机扩大机——直流电机（发电机、电动机）调速系统，根据资料要求作空载和负载试验，调整补偿程度及反馈程度。

（6）做转子动平衡试验，校平衡。

（7）按设备资料调试数控机床和生产自动线的电气部分。

2. 分析故障，检修及编制检修工艺

（1）根据设备资料，排除电动机调速系统（例如 V5 直流电机调速器等）的故障并修复。

（2）根据设备资料排除带有微机控制、大功率电子器件的各种调制器、变频器、斩波调速器和开关电源等装置的一般故障。

（3）看懂各种电机及变压器的总装图，测绘特种电机的绕组展开图和接线图，并进行修理。

（4）根据设备资料排除较复杂的设备（包括引进设备），如电弧炉、大功率电镀设备的电源、高频炉、中频炉、离子渗氮炉、大型车床、龙门刨床、仿形铣床等电气控制线路和大中型电机、电器的故障并分析事故原因。

（5）组织和编制各种电机、变压器、机床电器、生产设备用电器的大修工艺和调试步骤。

（6）编制车间电气设备的检修工艺并组织检修。

（7）根据大修要求和修理项目，计算所需工时和明确材料的名称、规格及数量（例如根据电机、变压器和电器的现有铁心重绕或改绕工艺，计算绕组匝数和导线截面等）。

3. 仪器、仪表的使用与维护

（1）合理选用和操作精密仪器、仪表。

（2）正确排除测量中的故障，维护保养精密仪表、仪器。

（3）根据示波器的使用说明书及测试内容，正确装接使用示波器，并能对所需波形照相。

（4）根据晶体管特性测试仪的使用说明书，正确测量各种二极管、晶体管及晶闸管、大功率管，依据手册对照特性参数，鉴别其质量。

（5）合理使用电动工具、气动工具，并做好保养工作。

4. 安全文明生产

（1）严格执行安全技术操作规程，并做示范。

（2）按企业有关文明生产的规定，做好教育与示范工作。

三、知识要求考核模拟试卷

（一）填空题　请将正确的答案填在横线空白处（每空1分，共10分）

1. 液压传动系统主要由＿＿＿＿元件、＿＿＿＿元件、＿＿＿＿元件和＿＿＿＿元件等四个基本部分组成。

2. 普通示波器主要由＿＿＿＿、＿＿＿＿和＿＿＿＿三大部分组成。

3. 电机绕组＿＿＿＿是保证电机使用寿命的关键。

4. 闭环调速系统除了静态指标以外，还有＿＿＿＿和＿＿＿＿两个方面的指标。

（二）判断题　下列判断正确的打"√"，错误的打"×"（每小题1分，共10分）

1. 齿轮传动不能实现无级变速。　　　　　　　　　　　　　　　　　　　　（　　）

2. 螺旋传动一定具有自锁性。　　　　　　　　　　　　　　　　　　　　　（　　）

3. 理想集成运放流进两输入端的电流都近似为零。　　　　　　　　　　　　（　　）

4. 步进电动机每输入一个电脉冲，转子就转过一个齿。　　　　　　　　　　（　　）

5. 三相力矩异步电动机的转子电阻较大。　　　　　　　　　　　　　　　　（　　）

6. 爪极发电机的转子没有励磁绕组。　　　　　　　　　　　　　　　　　　（　　）

7. 当静差率一定时，转速降落越小，调速范围越宽。　　　　　　　　　　　（　　）

8. 电流截止负反馈是稳定环节。　　　　　　　　　　　　　　　　　　　　（　　）

9. 开环调速系统不具备抗干扰能力。　　　　　　　　　　　　　　　　　　（　　）

10. 电压负反馈能克服电枢压降所引起的转速降落。　　　　　　　　　　　（　　）

（三）选择题　请将正确答案的代号填入括号中（每小题2分，共20分）

1. 液压系统中调速阀是属于（　　）。
   A. 方向控制阀　　　　B. 压力控制阀　　　C. 流量控制阀　　　D. 安全阀
2. 油缸产生爬行现象可能是由于（　　）。
   A. 系统泄漏油压降低　　　　　　　　B. 溢流阀失效
   C. 滤油器堵塞　　　　　　　　　　　D. 空气渗入油缸
3. 使用图示仪观察晶体管输出特性曲线时，在垂直偏转板上应施加（　　）。
   A. 阶梯波电压　　　　　　　　　　　B. 正比于 I_c 的电压
   C. 正弦整流全波　　　　　　　　　　D. 锯齿波电压
4. 三相双反星形可控整流电路当 $\alpha=0$ 时，输出电压平均值为（　　）。
   A. $U_L \approx 0.45U_2$ 　　　　　　　B. $U_L \approx 0.9U_2$
   C. $U_L \approx 1.17U_2$ 　　　　　　　D. $U_L \approx 2.34U_2$
5. 三相半控桥式整流电路中，$\alpha=0$ 时，流过晶闸管电流平均值为（　　）。
   A. I_L 　　　　B. $1/2I_L$ 　　　　C. $1/3I_L$ 　　　　D. $1/6I_L$
6. 自整角机的结构类似于（　　）。
   A. 直流电动机　　　　　　　　　　　B. 笼型异步电动机
   C. 同步电动机　　　　　　　　　　　D. 绕线转子异步电动机
7. 从工作原理上看无换向器电动机应属于（　　）。
   A. 直流电动机　　　　　　　　　　　B. 笼型异步电动机
   C. 同步电动机　　　　　　　　　　　D. 绕线型异步电动机
8. 绕线型异步电动机的串级调速是在转子电路中引入（　　）。
   A. 调速电阻　　　B. 调速电抗　　　C. 频敏变阻器　　　D. 反电动势
9. 在调速系统中为了获得挖土机特性，可以引入（　　）。
   A. 电压负反馈　　　　　　　　　　　B. 电压微分负反馈
   C. 电流正反馈　　　　　　　　　　　D. 电流截止负反馈
10. 带有速度、电流双闭环的调速系统，在起动、过载或堵转情况下（　　）。
    A. 速度调节器起作用　　　　　　　　B. 电流调节器起作用
    C. 两个调节器都起作用　　　　　　　D. 两个调节器都不起作用

（四）计算题（共10分）

1. 对称三相电源 $\dot{U}_{UV}=380\angle30°V$，Y连接无中性线，负载 $Z_U=20\Omega$，$Z_V=30\Omega$，$Z_W=60\Omega$，求中性点位移电压、各相电压、相电流相量。（5分）

2. 分压式射极偏置电路中，$U_{GB}=12V$，$R_{B1}=30k\Omega$，$R_{B2}=15k\Omega$，$R_C=3k\Omega$，$R_E=2k\Omega$，$R_L=6k\Omega$，晶体管的 $\beta=50$，求电压放大倍数 A_{UL}、输入电阻 R_i、输出电阻 R_0。（5分）

（五）简答题（每小题5分，共30分）

1. 简述电子射线示波管的波形显示原理。
2. 理想集成运放的主要条件是什么？
3. 如何计算三相反应式步进电动机的齿距角、步距角和转速？
4. 电机铁心制造应注意哪些问题？如果质量不好会带来什么后果？
5. 影响调速系统稳定性和可靠性的原因有哪些？怎样提高调速系统的稳定性和可靠性？

6. 简述速度、电流双闭环调速系统的调试要点。

（六）读图与绘图题（每小题 10 分，共 20 分）

1. 写出图 D-1 所示的逻辑关系，并化为最简与非表达式，画出新的逻辑图。

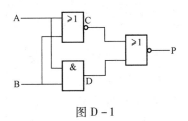

图 D-1

2. 有两台电动机，M1 起动后 M2 才能起动；M2 停止后 M1 才能停止。利用 PC 做以下事情：（1）做出 I/O 分配；（2）画出梯形图；（3）写出指令表。

四、技能要求模拟试卷

1. 题目名称：晶闸管——直流电动机调速电路的安装与调试

2. 考核内容：

1）按元件明细表配齐元件并检查元件。（10 分）

2）在已备好的印制电路板上，按焊接工艺要求正确焊接电路，并按电气原理图装接整个调速电路。（40 分）

3）通电调试后电路能正常工作，并在控制角为 90° 时，测量触发脉冲信号及晶闸管可控整流输出电压波形。（40 分）

4）安全文明生产，能正确执行安全技术操作规程，能做到工地整洁，工件、工具摆放整齐。（10 分）

3. 电器原理图如图 D-2 所示。

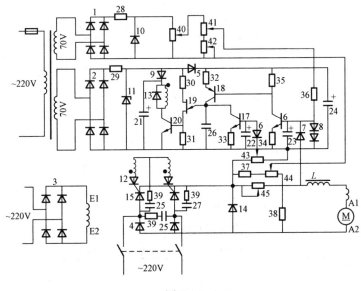

图 D-2

4. 元件明细表见表 D–1。

表 D–1　　　　　　　　　　电 路 元 件 明 细 表

图中序号	名称及规格	数量
1	二极管 2CP16	4
2	二极管 2CP16	4
3	二极管 2CZ1A/500V	4
4	二极管 2CZ10A/500V	2
5	二极管 2CP16	1
6	二极管 2CP16	1
7	二极管 2CP16	1
8	二极管 2CP16	2
9	二极管 2CP16	1
10	稳压管 2W2C21 32～40V	1
11	稳压管 2CW21	1
12	二极管 2CP16	2
13	二极管 2CP16	1
14	二极管 2CZ–10A/500V	1
15	晶闸管 3CT–20A/500V	2
16	三极管 3DG7B	1
17	三极管 3DG12B	1
18	三极管 3AX31C	1
19	单结晶体管 BT33F	1
20	三极管 3CG12B	1
21	电容器 CDX 100μF/25V	1
22	电容器 CDX 50μF/6V	1
23	电容器 CDX 100μF/6V	1
24	电容器 CDX 50μF/15V	1
25	电容器 CLX 0.047μF/160V	2
26	电容器 CLX 0.22μF/630V	1
27	电容器 CLX 0.047μF/160V	1
28	电阻 RJ 1.8kΩ 2W	1
29	电阻 RJ 1.5kΩ 2W	1
30	电阻 RJ 500Ω 1/4W	1
31	电阻 RJ 100Ω 1/4W	1
32	电阻 RJ 4.7kΩ 1/4W	1
33	电阻 RJ 100Ω 1/4W	1
34	电阻 RJ 2.4kΩ 1/4W	1
35	电阻 RJ 20kΩ 1/4W	1

图中序号	名称及规格	数量
36	电阻 RJ 6.8kΩ 1/4W	1
37	电阻 RJ 1.5kΩ 1/4W	1
38	电阻 RJ 30kΩ 2W	1
39	电阻 RX75Ω 10W	3
40	电位器 WX-030 5kΩ 3W	1
41	电位器 WX-050 5kΩ 5W	1
42	电位器 WX-030 1kΩ 3W	1
43	可变电阻 RJ 100Ω 3W	1
44	可变电阻 RJ 10kΩ 3W	1
45	可变电阻 BC1-300 0.5Ω 250W	1
	直流电动机 220V/1.1kW	1
	平波电抗器	1
	脉冲变压器	1
	电源变压器 60VA	1
	220V/70V、70V	

5. 时限：360min

6. 评分标准

（1）线头绕向不对，松动、不可靠，每处扣3分。

（2）接错一线头，扣3分。

（3）通电试车方法不正确，扣10分。

（4）经一次送电试车不成功，扣8分；经两次送电试车不成功，扣25分。

（5）线路板上的各焊点需均匀、美观，不能有虚焊，否则扣5~15分。

（6）示波器操作方法不对，每次扣8分。

（7）绘制的波形不正确，每个扣8分。

（8）违反文明生产，每次扣3分。

附录 E 电工作业人员安全技术考核基本内容

电工作业是指从事电气装置的安装、运行、检修、试验等工作的作业，电工作业包括低压（对地电压 250V 以下）运行维修作业、高压运行维修作业、矿山电工作业等操作项目。电工安全技术考核内容分为：通用、低压运行维修作业、高压维修作业和矿山电工作业共分为四部分，其中通用部分是指所有电工作业人员都应考核的内容。

一、通用部分

1. 安全技术理论

（1）了解电工岗位职责和应该遵守的有关电气安全法规、标准。

（2）了解电工原理的基本内容。

（3）掌握常用的电气图形符号的绘制要求。

（4）熟练掌握常用电工仪器、仪表（即电压表、电流表、万用表、电能表、兆欧表、接地电阻测试仪、单臂电桥等）的使用要求。

（5）掌握绝缘、屏护、间距等防止直接电击的措施以及保护接地、保护接零、加强绝缘等防止间接电击的措施。

（6）熟练掌握漏电保护装置的类型、原理和特性参数。

（7）熟练掌握电气安全用具的种类、性能及用途和熟练掌握安全技术措施和组织措施的具体内容。

（8）了解低压带电作业的理论知识、操作技术，熟练掌握其安全要求。

（9）熟练掌握各种安全标志的使用规定。

（10）了解电气事故的种类、危险性和电气安全的特点。

（11）掌握电伤害的原因和触电事故发生的规律，掌握人身触电的急救方法。

（12）熟练掌握电气火灾发生的原因，预防措施、灭火原理及扑救方法。

（13）掌握杆上作业的安全要求。

2. 实际操作

（1）熟练掌握现场触电急救方法和保证安全的技术措施、组织措施。

（2）熟练正确使用常用电工仪器、仪表。

（3）掌握安全用具的检查内容并正确使用。

（4）会正确选择和使用灭火器材。

二、低压运行维护作业

1. 安全技术理论

（1）熟练掌握低压电器的选用和接线要求。

（2）熟练掌握低压配电装置的控制电器、保护电器、二次回路的安全运行技术。

（3）熟练掌握异步电动机机的起动、制动和调速方法。

（4）熟练掌握异步电动机的检查，安装及维修的安全技术。

（5）了解电气线路的种类、敷设方式。

（6）掌握导线的种类和选择要求。

（7）掌握电气线路和运行维护要求以及过载、短路、失压、断相等保护基本原理。

（8）掌握雷电的危害及防雷措施。

（9）掌握照明装置安装的维修要求。

（10）了解并联电容器的作用及运行、维修和安装规定。

（11）熟练掌握常用的手持式和移动式电动工具的使用要求。

2. 实际操作

（1）熟练掌握异步电动机的控制接线（单方向运行，可逆运行等）。

（2）熟练掌握异步电动机起动方法及接线（自耦减压起动、Y—△起动等）。

（3）能够安装使用漏电保护装置。

（4）熟练进行常用灯具的接线、安装和拆卸。

（5）能够正确选择导线截面、连接导线。

三、高压运行维修作业

1. 安全技术理论

（1）了解电力系统和电力网的组成。

（2）熟练掌握高低压变配电装置调度操作编号的编制原则。

（3）熟练掌握变配电所的主接线及主要设备的型号规格。

（4）掌握配电变压器的原理、安装、分接开关切换、运行等方面的基本要求。

（5）了解仪用互感器的接线和运行安全要求。

（6）了解高压电器种类及用途。

（7）掌握高压断路器运行和操作注意事项。

（8）了解箱式变电站及室外变电台的运行要求。

（9）了解继电保护装置的任务和基本要求以及 10kV 变配电所常用的保护继电器类型和接线要求。

（10）了解变配电所运行管理内容。

（11）熟练掌握填写倒闸操作票的技术要求。

2. 实际操作

（1）熟练掌握变压器巡视检查内容和常见故障方法。

（2）熟练掌握少油断路器的巡视检查项目并能处理一般故障。

（3）能够进行仪用互感器安全运行、巡视检查和维护作业。

（4）能正确进行户外变压器安装作业。

（5）能安装、操作高压隔离开关和高压负荷开关，并能够进行巡视检查和一般故障处理。

（6）熟练掌握高压断路器的停、送电操作顺序。

（7）能分析与处理继电保护动作、断路器跳闸故障。

（8）能安装阀型避雷器并进行巡视检查。

（9）熟练掌握本岗位电力系统单线图、调度编号、运行方式。

（10）能正确填写倒闸操作票。

（11）能熟练执行停、送电倒闸操作。

四、矿山电工作业

1. 安全技术理论

按照通用部分、低压运行维修作业和高压运行维修作业的安全技术理论进行考核，并侧重以下内容：

（1）了解矿山工作条件对电气设备的要求。

（2）掌握矿山用电气设备的运行要求。

（3）了解矿井建（构）筑物的防雷标准、雷电的危害和防雷措施。

（4）掌握矿山电气设备的接地和接零保护的具体要求。

（5）掌握矿山电气设备绝缘要求。

（6）了解电力牵引及供电有关规定。

（7）掌握矿山常见供电线路故障及预防措施。

（8）掌握矿山常见电气短路事故及预防措施。

（9）了解矿山电气设备的管理措施及安全规定。

2. 实际操作

按通用部分，低压运行维修作业和高压运行维修作业的实际操作进行考核，并侧重矿山电工作业特点。

以上考核内容不适用于煤矿电工。

参 考 文 献

[1] 何贵清，梁雪才，王树华．电工操作基本工艺图册．北京：中国电力出版社，1999

[2] 王振．电力内外线安装工艺．北京：电子工业出版社，1998

[3] 曾祥富．电工技能与训练．北京：高等教育出版社，1998

[4] 王炳勋．电工实习教程．北京：机械工业出版社，1999

[5] 于长新．电工基础与电工技术．济南：山东科学技术出版社，1999

[6] 刘介才．电气照明设计指导．北京：机械工业出版社，1999

[7] 机械工业部．内外线电工操作技能与考核．北京：机械工业出版社，1996

[8] 郑凤翼．维修电工实用读本．北京：人民邮电出版社，1998

[9] 林虞．新编实用电工．北京：中国水利水电出版社，1994

[10] 张盖楚，陈振明．电工基本操作技能．北京：金盾出版社，2000

[11] 许立梓，许守泽，朱龙昌．新编电工材料手册．广州：广东科技出版社

[12] 白公．怎样阅读电气工程图．北京：机械工业出版社，2001

[13] 杨咸华．常用电工测量技术．北京：机械工业出版社，2001

[14] 储克森．电工技能实训．北京：机械工业出版社，2009

[15] 刘笃鹏．电工测量技术．北京：中国水利水电出版社，1998

[16] 陈梓城．电子技术实训．北京：机械工业出版社，1999

[17] 成都教育科学研究所．电工仪表与测量．北京：高等教育出版社，1992

[18] 于润发，孟贵华．电工技术工艺基础．北京：电子工业出版社，1994

[19] 徐岚，刘玉珍等．新编电工仪表电路手册．北京：机械工业出版社，1996

[20] 朱晓斌．电子测量仪器．北京：电子工业出版社，1994

[21] 周波．电工仪表与测量技术．北京：煤炭工业出版社，1996

[22] 劳动人事部培训就业局．维修电工生产实习．北京：劳动人事出版社，1998

[23] 俞丽华，朱桐城．电气照明．上海：同济大学出版社，1995

[24] 郑玉科．如何识别五环色码电阻器的阻值．家用电器．2001（5）：46

[25] 储克森．电工技术实训．北京：机械工业出版社，2002

[26] 蒋科华．维修电工（初级、中级、高级）．北京：中国劳动出版社，1998

[27] 庄晓峰．维修电工技能鉴定考核试题库．北京：机械工业出版社，2003

[28] 储克森．电工基础．北京：机械工业出版社，2007